令人着迷的 通信趣史 上册

从飞鸽传书到量子通信

陈芳烈 著

总顾问	总主编	"奇趣新科普"系列主编
王蒙	朱永新 聂震宁	金涛

编委
（以姓氏笔画为序）

丁 帆	王逢振	叶廷芳	白 烨	朱永新	刘文飞	刘敬圻	李文俊
李朝全	吴文智	汪正球	陈众议	柳鸣九	聂震宁	倪培耕	徐 雁
徐公持	郭宏安	黄天骥	黄国荣	董乃斌	熊江平		

海峡出版发行集团 鹭江出版社
THE STRAITS PUBLISHING & DISTRIBUTING GROUP

·厦门·

图书在版编目（CIP）数据

令人着迷的通信趣史：从飞鸽传书到量子通信：全
2册 / 陈芳烈著.—厦门：鹭江出版社，2023.8
ISBN 978-7-5459-2187-8

Ⅰ.①令…Ⅱ.①陈…Ⅲ.①通信技术—技术史—世
界—普及读物Ⅳ.①TN91-091

中国国家版本馆 CIP 数据核字（2023）第 118656 号

LINGREN ZHAOMI DE TONGXIN QUSHI：CONG FEIGECHUANSHU
DAO LIANGZITONGXIN（QUAN ER CE）

令人着迷的通信趣史：从飞鸽传书到量子通信（全2册）

陈芳烈　著

出版发行：鹭江出版社

地　　址：厦门市湖明路 22 号　　　　　　　　邮政编码：361004

印　　刷：恒美印务（广州）有限公司

地　　址：广州市南沙区环市大道南 334 号　　联系电话：020-84981812

开　　本：880mm×1230mm　1/16

印　　张：18.5

字　　数：204 千字

版　　次：2023 年 8 月第 1 版　　2023 年 8 月第 1 次印刷

书　　号：ISBN 978-7-5459-2187-8

定　　价：128.00 元

如发现印装质量问题，请寄承印厂调换。

迷人的通信趣史！

通信，一个多么亲切的名词！在当今社会，除了衣食住行之外，通信也是不可或缺的。它似影随形，已深深地融入我们每个人的生活。

人类通信的历史源远流长，从结绳记事、击鼓传声，到烽火报警、驿骑传书，都留下了它深深的历史印记；还有那美丽的传说，令人心驰神往的幻想，都像是历史长河中闪烁跳跃的朵朵浪花，在我们眼前呈现出一个缤纷多彩的世界，向我们诉说着一个个动人心弦的故事。

在这本书里，我将与你们一起穿越时空，遨游迷人的通信世界，领略人类通信从"咫尺天涯"到"天涯咫尺"的沧桑巨变，并展望它无限美好的明天。

而今，人类通信正在超越地球，向茫茫的宇宙延伸；人类的科技创新正在揭开未知通信世界的层层面纱，续写奇趣的通信故事。而这些故事的主人公，便是对科技世界充满好奇、对通信未来怀有浓厚兴趣的年轻一代。

通信是一个青春的事业。如果这本书能对青少年读者了解通信、亲近通信有所帮助，进而激起他们对探索未知通信世界的兴趣，我将感到无比的高兴和满足。

陈芳烈

100%

即 将 开 始

远古的呼唤

发明家的足迹

人类的"命脉"

通信的未来

远古的呼唤

现代通信技术的形成不是一蹴而就的，它经历了漫长岁月的沉淀。

传书佳话

中国系统性的文字大约起源于公元前 2000 年，有了文字后，人与人之间又多了一种传情达意的工具。最初，文字被刻在龟壳、竹简上，或书写在织物、纸片上，借此有了将信息传送到远方的可能。

可是，在交通不发达的古代，由于山重水隔，要远距离传送信息可不是一件容易的事。于是，人们只好把美好的愿望寄托在令人陶醉的神话、传说之中。

神话和传说，既是人类想象力的自由驰骋，也是对未来通信无限美好的憧憬。

古代人类的通信真是困难。难怪杜甫会发出"家书抵万金"的感叹！

青鸟传信

唐代诗人李商隐有一首很有名的《无题》诗：

相见时难别亦难，东风无力百花残。
春蚕到死丝方尽，蜡炬成灰泪始干。
晓镜但愁云鬓改，夜吟应觉月光寒。
蓬山此去无多路，青鸟殷勤为探看。

这是一首描写恋人离别后相思之情的诗作，哀婉动人。诗的最后两句借用了"青鸟传信"这一典故，意思是说，从这里到她住的蓬山（东海里的仙山）不算太远，青鸟啊，烦你殷勤一点，时时为我们传递两地的消息吧！

"青鸟传信"的故事出自《山海经》。传说，西王母住在昆仑山附近的玉山，她养了3只青鸟，为她觅取食物和传递信息。有一年的七月七日，汉武帝携群臣举行斋戒仪式，忽见一只美丽的青鸟从西方飞来，他非常惊奇，便问大臣东方朔："这鸟从哪里飞来？"东方朔回答说："西王母要来了，这鸟是来报信的。"过了一会儿，西王母果然来到了殿前。从此，"青鸟传信"便成了一个典故流传下来。

青鸟是神鸟，神仙们用它传信。古代人类曾用"凡鸟"——信鸽传书。

敦煌莫高窟中的青鸟形象

鱼雁传书

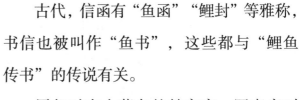

在东汉蔡伦改进造纸术之前，不存在纸质信封。写有书信的竹简、木牍或尺素是夹在两块木板里的，而这两块木板被刻成了鲤鱼的形状，所以俗称"鱼函"或"鲤封"。

古代，信函有"鱼函""鲤封"等雅称，书信也被叫作"鱼书"，这些都与"鲤鱼传书"的传说有关。

周朝时有个著名的教育家、军事家叫姜尚，字子牙。传说他 70 岁那年垂钓于渭水之滨，钓得一条鲤鱼，剖开鱼腹发现内藏一封书信，书信大意是说他将受封于齐地。后来他果真成了齐国的第一位国君，并成为齐文化的奠基人。

鲤鱼传书的典故被演绎成许多文学作品，成了诗人墨客吟诵的对象。唐代诗人王昌龄的"手携双鲤鱼，目送千里雁"，表达了对书信传递的热切期待；宋代词人晏殊的"鱼书欲寄何由达，水远山长处处同"，更说出了人们对于书信往来受时空阻隔的惆怅和无奈。

"鸿雁传书"的传说出自《汉书·苏武传》。公元前 99 年，苏武奉汉武帝之命出使匈奴，却被匈奴首领单于扣留。在多次劝降遭拒后，单于便把苏武流放到北海（今贝加尔湖）牧羊。在冰天雪地、饥寒交迫的恶劣环境中，苏武仍手持汉朝的节杖，坚贞不屈。直到汉昭帝即位后，汉匈关系有所改善，匈奴才应汉朝的要求，放回苏武等 9

人。这时，苏武已在匈奴度过了 19 年艰难屈辱的岁月。他少壮受命出使，皓首方才归来，用他一生中的黄金时光谱写了一曲高昂的民族正气歌。

在苏武归汉的过程中，有过这样的传说：当时匈奴不想释放苏武，便向汉朝使者谎称苏武早已去世。这时，与苏武一起出使匈奴的常惠，暗中把苏武还活在世上的消息报告给汉使，并献上一计。后来，汉使再一次见到匈奴首领单于时便称：我国天子在狩猎时射中一只北方飞来的大雁，雁足上系着一封苏武给朝廷的信，说他正在北海牧羊。单于听后非常吃惊，由于谎言被揭穿，他不得不把苏武放了。

"雁足系书"虽然是编造出来的故事，但它寄托着古时人们隔山隔水、渴望情感沟通的无限美好的愿望。"若无鸿雁飞，生离即死别"（宋·罗与之《寄衣曲》），"寄信无秋雁，思归望斗杓"（宋·欧阳修《初至夷陵答苏子美见寄》）等，也正是这种情感的极好抒发。

雁是一种候鸟，年年南来北往，正是人们心目中传递书信的理想使者。以至直到今天，我们还把为大家送信的邮递员比作"鸿雁"。鸿雁传书已是千古佳话，而它那富有诗情画意的寓意更是历久不衰，融入当代的许多文学艺术作

中国邮政标志是由"中"字与邮政网络的形象互相结合、归纳变化而成。其中融入了翅膀的造型，使人联想起"鸿雁传书"这一典故。

鸿雁——中国邮政标志

品之中，引发人们无限的遐想。鸿雁还是我国邮政的重要标志。

柳毅传书

《柳毅传书》是一则美丽动人的神话故事，最早见于唐朝李朝威所著的《柳毅传》。到了元代，尚仲贤又把它改编成杂剧，流传甚广。直到今天，越剧《柳毅传书》依然是深受人们喜爱的保留剧目。

《柳毅传书》讲的是唐朝仪凤年间，书生柳毅在长安赴考落第后，回南方途经泾河北岸时，见一位少女在河边牧羊，愁容满面，痛泣南望。柳毅问其情由，方知她是洞庭龙君之女三娘，受丈夫泾阳君辱虐，被赶出宫廷到荒郊牧羊，过着风餐露宿的生活。柳毅闻言，义愤填膺，不顾路途遥远，决意转道岳阳为龙女传递家书。

柳毅来到碧波万顷的洞庭湖边，按龙女的嘱咐，寻到一口枯井，用龙女的金钗在井旁橘树上连击了三下。此举惊动了巡海夜叉。在夜叉的引领下，柳毅进入了无珍不有的洞庭龙宫。龙王夫妻在读罢女儿书信后，不禁老泪纵横。正在无计可施时，龙王小弟钱塘君得知此事，怒不可遏，挣脱锁链，化作赤龙，直奔泾河，在打败残暴的泾阳君后接回龙女。龙女得救后，深慕柳毅为人，愿以身相许。可是，正直善良的柳毅却循"君子喻义不喻利"之古训，再三婉言谢绝。后来，经一波三折，三娘化身渔家女三姑来到人间，终于遂愿与柳毅结成了夫妻。至今，在洞庭湖的君山和太湖的东山，都有一口"柳毅井"，传说是当年柳毅前往龙宫的入口。《柳毅传书》的故事究竟发生在洞庭湖还是太湖，后人各执一词，难辨真假。不管怎么说，它毕竟是一个

柳毅井，传说是通往龙宫的入口。

太湖东山"柳毅井"

洞庭湖君山"柳毅井"

神话传说。

《柳毅传书》中的柳毅，据史料记载确有其人，他字道远，吴邑（今苏州）人。但在神话故事里，他已介于仙凡之间，亲历了一段常人所无法经历的事。人们借他潜入龙宫传书这件事，演绎出了一个仙凡结缘、有情人终成眷属的感人故事，还让到湖底传递信息这件古时无法实现的事情成为想象中的故事。

神话传说中的青鸟、鲤鱼、鸿雁，虽也有我们常见的动物的外表，使我们感到亲切，却具有凡间同类所没有的超凡本领。它们不但知人性、通人情，还不畏山高水长，穿越时空，为人们完成千里传书这样复杂而艰巨的任务。这种超凡的本领是人所赋予的，是古代人们理想愿望的化身。

神话传说承载着人类一个个色彩斑斓的憧憬与幻想，是人类想象力的驰骋，是现代科技的先导。试看今日，飞机、火车等现代交通工具以及电话等远距离通信工具层出不穷，其传书的本领早已胜过昔日之青鸟、鱼雁；海底电缆、海底光缆常年潜身海底，与"龙王"为伴，担负着越洋传递信息的任务，这又岂是当年柳毅所能及！

信鸽英雄

信鸽识途的天赋早就被人发现。相传，我国古代楚汉相争之时，鸽子曾被用来传送兵符和信件；西汉张骞出使西域时，也用信鸽传送过书信。在国外，早在古埃及第五王朝时期，信鸽就是快且可靠的联络工具。由于鸽子可以为人们架起空中的桥梁，因而人们称它是"无言的天使"。

在人类战争史上，信鸽曾被誉为英雄。第一次世界大战期间，信鸽曾为交战双方做出不小的贡献。战争时期，森林里不易架设通信线路，前后方的联络主要依靠小巧玲珑的鸽子。当时，对鸽子传信功能深有了解的德国人，为了切断对方的联络渠道，便视信鸽为敌，把它们统统抓了起来。

信鸽对主人忠贞不渝，它们中没有"逃兵"，也没有"投敌者"。为了永远纪念那些忠于职守、不辱使命的"战地信使"，在法国和比利时等国，都建有为战时牺牲了的信鸽树立的纪念碑，它们的史迹还被保存在一些档案馆里，世代传扬。

战地信使——信鸽

下面，便是一个感人的信鸽英雄的故事。

1918年10月20日午后，当时默兹—阿戈讷战役进入了高潮，美军司令部急需给参谋长送去信息。于是他们便派出一只名叫乌斯曼的信鸽，冒着枪林弹雨去完成这项人类无法胜任的任务。它仅用了25分钟便飞行了20多海里，把信送到目的地，由于飞行途中一条腿被枪弹打断，它最终因流血过多而死去。在战地，有不少类似的故事让人们永远铭记。

在金融业界、新闻界，也传诵着不少有关信鸽的传奇故事。据说，有一位欧洲商人，通过他的信鸽提前3天在伦敦获得重要的商品信息，结果发了大财；英国路透社直到1850年，都还是用信鸽交换信息的。

由于新型交通工具的出现，以及电报、电话等现代通信手段的应用，信鸽送信这种古老的通信方式早已淡出人们的视线，但在人类通信史上，特别是战争史上，人们不会忘记它们的功绩。时至今日，一幕幕飞鸽传书的动人情景还时常上演，或出于纪念怀旧，或由于某种非信鸽莫属的特殊寓意。

● REC

鸽子即使身在远方，也有回到自己出生地的本能。于是，人类便利用鸽子归巢的本能去送信。

有人认为鸽子归巢利用了太阳和地磁场，也有人认为是依靠气味，众说纷纭，至今还是一个谜……

烽火台的诉说

追根溯源

自从有了人类，也便有了传递信息的需要。人类为了生存下去，就需要共同抵御洪水、野兽，这时就少不了彼此的沟通和协作。在远古时期，由于还没有文字，人们之间的信息交流主要是靠声音和肢体语言，后来又出现了在绳子上打结（称为"结绳记事"）或在木头上刻道等记事方式。在我国的殷商时期，出现了"击鼓传声"的通信方式；在西周时期，人们开始兴建烽火台，发明了用火光和烟雾传递信息的办法。这种用烽火报警的通信方式一直延续了多个朝代，直至清末才逐渐消失。

在绵延万里的长城上，烽火台居高而筑，气势不凡。

长城（八达岭段）

今天，人们在游览雄伟壮观的万里长城时，依然可以看到那随着山势的起伏，在一些制高点上修建的形似碉堡的方形建筑，那就是烽火台。它是古代用火光和烟雾传递信息的历史遗存。

幽王烽火戏诸侯

说到长城，人们很容易把它与秦始皇的名字联系在一起。其实，在秦始皇之前很久，长城便开始修筑了。此外，烽火台也不是长城所独有的。

在我国，烽火台的出现可以追溯到西周时期。据史料记载，在周朝时，中央与各诸侯国都在边疆或通达边疆的道路上每隔一定距离修筑一座烽火台。烽火台上堆满了柴草，一旦发现有外族入侵，便点燃柴草以烽火报警。各路诸侯见到后，就会派兵前来接应，共御外敌。

说到烽火台，很多人都会想起《东周列国志》中一个很有名的故事——"烽火戏诸侯"。故事说的是荒淫无度的周幽王自从得到美人褒姒之后，便居之琼台。褒姒虽然美丽非凡，又有专席之宠，却难得开颜一笑。幽王为让褒姒开心真是想尽了办法。他曾招乐工鸣钟击鼓、品竹弹丝，还让宫女载歌载舞，但褒姒仍不为所动。在得知褒姒爱听丝织品撕裂的声音时，幽王便命裂帛千匹，可美人依然无动于衷。幽王无奈，便下令："宫内宫外之人，凡能致褒姒一笑者，赏赐千金"。这时，有个叫虢石父的近臣献计说："当年先王为了防备西戎入侵，在骊山之巅建有烽火台二十余处，还购置了大鼓数十台，每当有贼寇侵犯时，烽火台便点火示警，火光、烟雾直冲霄汉，甚为壮观。附近诸侯见此情景，无不发兵相救；继而又闻鼓声阵阵，便催赶前来。这些年来，天下太平，已多年不见烽火点燃，如果君王偕王后并驾同游骊山，夜举烽火，这时诸侯援兵必至，至而无寇，王后必笑无疑。"

昏庸的幽王居然听从了虢石父的馊主意，择日与褒姒并驾游览骊山，并设晚宴于骊宫。席间，他不听良臣郑伯的劝谏，无端大举烽火，擂起战鼓。各路诸侯闻讯，疑是镐京（今西安西郊沣河中游东岸）有变，一个个领兵点将，赶赴骊山。可是，兵至骊山脚下，但闻楼阁鼓乐齐鸣，一片歌舞升平的景象，却不见外敌的一兵一卒。诸侯们面面相觑，知是上当受骗，便气愤地卷旗而回。

在楼台上的褒姒，见诸侯们忙来忙去，酷似热锅上的蚂蚁，乱成一团，不觉拊掌大笑。幽王见褒姒终于笑了，便心满意足，遂以千金

骊山烽火台

赏赐虢石父。

就在幽王为终于博得爱妃一笑而暗自高兴之时，一场灾难正悄然来临。事隔不久，西戎真的入侵了，毫无防备的周幽王赶紧命手下的人点燃烽火求援。诸侯们因为上过幽王的当，以为这又是故伎重施，因而个个按兵不动。结果都城被攻陷，周幽王和虢石父均命丧刀下。褒姒也在劫难逃，在被掳后自尽。西周从此走向了灭亡。

有一首诗讽喻这段历史，诗曰：

> 良夜骊宫奏管簧，无端烽火烛穹苍。
>
> 可怜列国奔驰苦，止博褒姒笑一场。

诗中"烽火"

古时，烽火总是与战争联系在一起的。它见证了多个朝代的风云变幻，阅尽了战乱中黎民百姓的苦难。这一切，也为历代忧国忧民的诗人所关注，成为他们诗作中屡见不鲜的题材。

大诗人杜甫在《春望》中便有"烽火连三月，家书抵万金"的名句。这里的"烽火"指的便是战争的烽火。诗中道出了因战乱而离散的人们对于获取亲人音讯的渴望。

南朝吴均的《入关》诗中有"羽檄起边庭，烽火乱如萤"两句。大意是说：紧急的征召军情从边疆传来，报警的烽火乱得像萤火虫发出的光亮。这是当时战争气氛的生动写照。

唐代刘驾的《塞下曲》更写出了战时边关的一番别样风情：

> 勒兵辽水边，风急卷旌旆。
>
> 绝塞阴无草，平沙去尽天。
>
> 下营看斗建，传号信狼烟。
>
> 圣代书青史，当时破虏年。

这里的"传号信狼烟"，指的就是传递信号时用的烽火狼烟。

烽火高飞百尺台

西周的灭亡并不意味着以烽火通报军情的历史就此终结。相反，到了汉代，烽火台的建设规模更大了。用土木筑成的被称为"烽燧"的烽火台，在边陲重镇和交通要道上随处可见。今天，在我国新疆库车县境内，还留存着一座克孜尔尕哈烽燧，其气势之雄伟，可使我们约略窥见当时烽火通信之盛。

克孜尔尕哈烽燧，位于新疆维吾尔自治区库车县依西哈拉乡境内，建于汉代，是古丝绸之路北道上时代最早、保存最完好的烽燧遗址（基底平面呈长方形，东西长约 6.5 米，南北宽约 4.5 米，由基地往上逐渐缩收成梯形，高约 13.5 米）

举"烽燧"报警，是中国古代传递军情的一种方法。白天发现有外敌入侵时，就在烽燧上燃起柴草或狼粪，其烟直上不散，远远就能被人看见，人们称之为"狼烟"或"烽烟"；夜间则点燃柴草，以火光报警。点燃的烽火还可包含一些简单的信息，如规定入侵者在五百人以下时，放一道烽火；入侵者在五百人以上时，放两道烽火，等等。

烽火传递信息的速度很快。汉武帝时期，大将卫青和霍去病率大军出征匈奴时，就以举放烽火作为进军信号。据记载，仅一天时间，烽火信号便可以从河西（今甘肃省）传到辽东（今辽宁省），途经千余里。

唐代诗人李益的"烽火高飞百尺台，黄昏遥自碛南来"，便是对当时古战场的一幕真实写照。

烽火通信一直沿用至清朝末年。如今山东的烟台，便是因明朝时在那儿设有狼烟烽火台而得名的。后来，随着电报、电话等现代通信方式的出现，古老的烽火通信逐渐销声匿迹，退出了历史舞台。

烽火台的启示

　　虽然早在远古时期，人类便已经懂得用火光来传递信息，但大规模、有组织的光通信却是从烽火通信开始的。烽火不仅见证了古战场的刀光剑影，也给人类未来的通信以智慧的启迪。

　　首先，人们发现光传送信息的速度非常之快，远远超过了声音的传递速度。烽火时代的光通信，虽不能与激光通信相提并论，但在以光作为信息传送媒体这一点上却是一脉相承的。

　　其次，烽火通信是一种典型的接力通信，是现代接力通信的"前辈"。信息通过一个紧挨一个的烽火台进行接力传送，可以直达千里之外。近代的许多远距离通信系统也都沿袭了这一思路。例如，在长途载波电话通信系统中，为了补充信号在传输过程中的能量损耗，沿途每隔一定距离便要设置一个"增音

烽火通信

站"，让信号"加足油"后再往前走，这样便可延长通信的距离。又如地面微波通信系统，由于微波只能直线传播，而地球表面有一定弧度，为了用微波实现远距离通信，人们也想到了"接力"的方式。在微波系统中，这一个个类似于烽火台的接力站便叫作"微波中继站"。为此，微波通信也被称作"微波中继通信"或"微波接力通信"。

然而，烽火通信在实际应用中也暴露出了它致命的弱点，那就是它在通过大气传播信息时，受雨雾等自然条件的影响较大，这就极大地制约了它的发展。现代光纤通信就规避了这一缺点，它让信息的传输在密封的物理通道中进行，不仅不受外界自然条件的影响，也与电磁干扰"绝缘"。

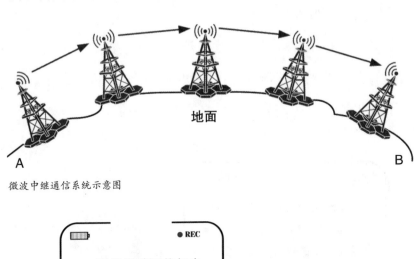

地面

微波中继通信系统示意图

现代微波通信与古代的烽火通信一脉相承，都是接力通信。A、B两地间的远距离地面微波中继通信系统就像这样。

驿路开花处处新

在我国，邮驿通信从有确凿文字记载的商朝算起，至今已有三千多年的历史了。邮驿是古代官府为传递文书、接待使客、转运物资而设立的通信和交通机构。它有三大特点：一是官办、官用、官管；二是以通信为主体，融通信、交通、馆舍于一体；三是采用人力或人力与物力（车、船、牲畜）相结合的接力传递方式。历代王朝都很看重邮驿，称它为"国脉"。

春秋时期，孔子曾说过："德之流行，速于置邮而传命。"意思是他提倡的道德学说，其传播速度之快要胜过邮驿传送命令。这从侧面印证了当年邮驿传送信息的速度还是相当快的。

● REC

中国古时的许多政事和战事，无不与邮驿有关。在一些史学家记载的历史故事和文人墨客的诗词、歌赋中，都留有这段历史的痕迹，生动地展现了那漫长岁月里"一驿过一驿，驿骑如星流"的壮观情景。

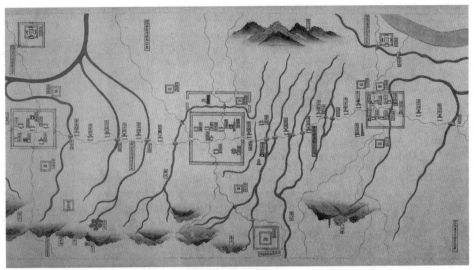

明代《南京至甘肃驿铺图》（局部），现藏于台北故宫博物院

飞骑救国

飞骑救国是《左传》里的一个故事。

春秋战国时期，秦国和晋国图谋联合进攻郑国。当时的郑国是在今河南一带的一个小国，处于秦、晋两个大国势力的威胁之下，常有朝不保夕的担忧。为了防范强敌入侵，郑国便派使者到秦国游说，尝试说服秦国："秦、郑之间隔着一个晋国，若郑国亡，只有利于晋，而不利于秦。不如秦、郑结盟，共同对付别的国家。"秦国认为有理，于是便取消了进攻郑国的计划，并派杞子、逢孙、杨孙三人驻守郑国。郑国为了示好，也慨然将郑国国都北门的钥匙交给三个使者管理。不料，当杞子等人掌控郑国北门后，便派人密告秦国，请求急速派兵偷袭郑国。

很快，秦国便派出军队向郑国进发。当军队走到滑国（今河南洛阳东面）时，便被郑国商人弦高发觉。弦高意识到自己的国家危在旦夕，便一面假装成郑国特使，用他贩运的十二头牛去犒劳秦兵；一面急忙利用通往郑国的邮驿，星夜给国内报信。郑国得到消息后，立即调兵遣将，严密戒备。秦兵发现郑国已经做好应战准备，只得打消了原先的一举灭郑的计划，停止前进，只是顺手灭掉滑国而回。邮驿在当时所起的作用，从这个故事中可见一斑。

飞雪送军书

唐代的官办驿站遍设于交通线上。一般是 30 里一站，既办通信，又为驿夫和旅客提供食宿。公元 630 年前后，共有驿夫 18000 多名，专事传送公文和军情。

趣闻

世界上最长的邮路

2011 年 11 月 3 日，我国的"神舟八号"飞船与"天宫一号"空间站对接获得成功。同一天，太空邮局开通，航天英雄杨利伟出任首任局长。太空邮局分实体邮局和虚拟邮局，实体邮局设在北京航天城邮电所内，虚拟邮局设在载人航天器内。太空邮局的设立，使得在我国地面与载人航天器之间有了一条"通天"的邮路。这是迄今为止世界上最长的邮路。

在我国首个太空邮局的开通仪式上，首任局长杨利伟将一封写上祝福的信件投入邮筒

在唐代诗人以战争为题材的边塞诗中，王维的《陇西行》中所写到的邮驿颇为传神：

以古代驿站为题材的邮票

> 十里一走马，五里一扬鞭。
> 都护军书至，匈奴围酒泉。
> 关山正飞雪，烽火断无烟。

这短短的 30 个字，把为传送紧急军情，驿骑在飞雪中急驰的情景写得真真切切：你看，在通往陇西边塞的大道上，覆盖着一片白茫茫的冰雪。只见一扬鞭就是五里道，一口气就跑十里地的驿使疾驰而来。原来，边境都护府的都护大人发来了军书，告知北方的匈奴围攻酒泉的消息。此时正值严冬，关山飞雪，连烽火台都无法点燃告警的烽烟，而军情火急，唯靠驿夫加紧催马传送军书。

这首被苏东坡赞为"诗中有画，画中有诗"的传世佳作，带给我们的不只是艺术的享受，也使我们透过诗作，领略到唐代以邮驿通报军情的生动场面。当时通信之艰难，也在不言之中。

敦煌遗书

敦煌是古代丝绸之路的重要关口。在繁荣的汉唐时期，那里"五里一亭，十里一障"，有序地排列在丝路沿线。驿道上传送着各种公文、书信。其中，还有角上插有羽毛的信，就好比是今日之"加急"，驿骑们必须快马加鞭，急速传递。

1992 年在敦煌发现的悬泉置便是一个著名的古代驿站。在那里存有数万片简牍，其中大部分都是处于传递过程中的书信。20 世纪初，敦煌莫高窟藏经洞被发现。在价值连城的敦煌遗书中，书信占有一定比例，它涉及当时敦煌社会的各个层面。当年邮驿之盛、丝绸之路之繁华，在这些被尘封的信牍中也得到了充分的反映。

迢迢驿路见证了一个个朝代的兴衰，以及战乱给国家和黎民造成的灾难。在敦煌遗书中，有一封《为肃州刺史刘臣壁答南蕃书》，便是安史之乱后，在吐蕃大兵压境的情况下，从敦煌向肃州（今酒泉市）

敦煌著名古驿站悬泉置遗址

所发出的一封求援信。可是由于战乱致驿道受阻，这封信终未到达目的地，而在敦煌藏经洞中沉睡了千年。

金陵信使

南北朝时，庾信有一首《寄王琳》的诗写道："玉关道路远，金陵信使疏。独下千行泪，开君万里书。"意思是（作者）身居异国长安，犹同远在玉门关一般；由于金陵（梁国都，今南京市）来的使者是那么稀少，当我打开你（王琳）从万里之外寄来的信的时候，不禁泪流满面。

"驿使图"壁画

古代固然修有驿道，但大都是为官府服务的，民间的书信往来依然十分艰难。《寄王琳》所反映的便是这样一种情景。唐代杜甫有"黔阳信使应稀少，莫怪频频劝酒杯"的诗句，抒发的也是对民间通信不畅的感慨。

"信使"一词后来被用来代称传递信件的人。联合国教科文组织有一本杂志，取名《信使》，想必也是希望这本杂志像古代信使一样，能在各国人民之间架起传递文化和友谊的桥梁。

● REC

一幅在甘肃嘉峪关魏晋时期墓室发现的壁画，驿使手举简牍文书，驿马四足腾空，速度飞快。这大概是古代中国的"快递小哥"。

驿路多悲歌

在描述邮驿的文字里，既有如"羽檄从北来，厉马登高堤"（三国·曹植《白马篇》）等有关邮驿通报军情的描写；也有"世乱音书到何日，关河一望不胜悲"（宋·严羽《临川逢郑遐之之云梦》）等对邮路不畅、书信难达的感慨；当然，也还有"古驿通桥水一湾，数家烟火出榛菅"（清·查慎行《池河驿》）以及"折花逢驿使，寄与陇头人。江南无所有，聊赠一枝春。"（南北朝·陆凯《赠范晔诗》）等一类对古代驿站风光充满诗情画意的描写。

但是，所有这一切都难以掩盖邮驿对古代劳苦大众所带来的苦难和沉重负担。

唐代诗人杜牧在《过华清宫绝句三首》中写道：

长安回望绣成堆，山顶千门次第开。

一骑红尘妃子笑，无人知是荔枝来。

诗的大意是：从长安回望骊山华清宫，宛如一幅锦绣那样迷人。为了迎接运载荔枝的飞骑、驿车的到来，骊山的宫门次第打开。唐玄宗为了投杨贵妃之所好，竟然不惜重金修筑从长安到四川涪陵的驿道，动用飞骑、驿车从四川运来荔枝。而善良的百姓还以为绝尘而来的驿马是在传送重要公文或军事情报呢！

位于今甘肃省境内的黄花驿，地处秦岭的群山奇峰之中。在那里修建驿站，也令今人匪夷所思。后据考证，这是当年唐玄宗为迎接传说中八仙之一的张果老进京而设置的。

骊山华清宫

　　杜牧的诗作以及黄花驿的传奇，都是对封建帝王的辛辣讽刺，也折射出了那个年代驿夫们的悲苦。

　　清康熙年间，贵州巡抚佟凤彩曾上书皇帝，列数当年驿夫的苦难，说"夫抬一站，势必足破肩穿；马走一站，也必蹄腐脊烂"。这正是邮驿加重劳苦大众灾难的真实写照！

延伸阅读

邮政杂谈

从 15 世纪起，随着欧洲各国向资本主义过渡，驿站体系也开始通过行政手段改变经营方式，逐渐演变成后来的邮政。英语"post"（邮政）一词也是由当时驿站名称逐渐演变而来的，足见邮驿是近代邮政的起源。

1840 年，现代邮政服务首先在英国出现，第一枚邮票也在这一年的 5 月 1 日正式发售。这就是由英国邮政制度的改革家罗兰·希尔设计的，正面印有英国女皇伊丽莎白一世头像的"黑便士"邮票。

罗兰·希尔（1795—1879）

"黑便士"邮票

邮政兴起之初，邮局派人步行到各居民点收信、送信，他们每到一处便吹起号角通知大家。也正由于这个缘故，欧洲一些国家至今仍将号角作为邮政的标志。

日本早在 1663 年的德川时代便有了私人经营的邮政制度，1871 年（明治四年）改由政府经营。中国近代邮政于 1878 年（光绪四年）开始试办，1896 年明确由国家经办。

大龙邮票

■■■■　　　　● REC

1878 年，清朝政府海关试办邮政，首次发行中国第一套邮票——大龙邮票。这套邮票共 3 枚，主图是清朝皇室的象征——蟠龙。

▪▪▪▪▪▪▪▪▪▪

1869 年，瑞典开始使用上锁的信箱；19 世纪末到 20 世纪初，大多数国家都开始使用带有邮政标志的铁制信箱。这类信箱设置在街头巷尾，为平民百姓寄信带来很多方便。

邮政的交通工具，也从马匹、马车、自行车逐渐过渡到汽车、轮船、火车和飞机。1918 年，美国首先开通了定期的邮政航班，同期国际邮政服务开通。

20 世纪初英国设立的铁制信箱

漂流瓶——海上的精灵

茫茫大海，常常撩起人们无限的情思。当你看到那一朵朵风帆向太阳升起的方向驶去，渐渐地在我们的视线中消失时，是否也想让那大海的波涛把你的音讯、你的快乐和思念，一起带到海的彼岸，给那里的亲人、朋友一个惊喜呢？

古往今来，还真有不少人尝试着通过大海来排遣思绪。一个个关于漂流瓶的故事，总是那样地历久弥新、感人肺腑。

漂流瓶的主人把要传递的信息装在一个密封的瓶子里，任其在海上漂浮，希望有一天，这个瓶子能漂浮到远方，为收信人所拾得。这看起来似乎有点不切实际，但历史上还真有过不少人将其付诸实践，被后人传为美谈。著名航海家哥伦布是利用大海传递信息的先驱之一。1493 年，他在乘坐"尼尼亚号"帆船前往欧洲途中，遇到了强风暴的袭击。面对死神的威胁，他撕下航海日记中最重要的几页，把它封装在一个空桶里扔进大海，希望能用这样的办法把一些重要的情况报告给西班牙女王伊莎贝拉一世。这个故事广为流传，但直到 1852 年，一位美国船长才从直布罗陀海峡附近海域，拾到了一件据称是哥伦布当年扔入大海的遗物，交给了早已易位的西班牙国王。星移斗转，世事沧桑，漂流瓶 300 余年的经历也无从考证了。

风急浪高、变幻莫测的大海，随时随地都可能对航海者的生命构成威胁。在无线电通信尚未启用的年代，能为他们通报险情或留下遗言的，唯有漂流瓶。

漂流瓶所传递的并非全是不幸的消息。很多时候，它还是青年男女互诉衷肠、传送佳音的使者。

1988年4月，人称"河海漂游大王"的罗马尼亚退休职工格·伊科诺莫夫在为一对新婚夫妇写婚礼请柬时突发奇想，把222封婚礼请柬装入一个个漂流瓶投入斯特鲁马河。后来，其中的100多个漂流瓶被沿河居住的人拾到，他们都有幸作为嘉宾，前来参加这个浪漫的婚礼。

1990年4月的一天，山东莱州市一位名叫王永力的青年在海边拾到一个系着红绸子的漂流瓶。打开一看，里面装着一位姑娘的照片和一封信，写信的人叫孙美霞，27岁，家在四川的一个山村，后来到烟台市打工。由于钟情于憨厚的胶东大汉，就想出了向大海投放漂流瓶择偶的方法。恰巧捡到漂流瓶的是一个善良厚道的未婚男子，两

漂流瓶里的邀请函

在离2010年上海世博会开幕还有215天的时候，上海航运局的青年工作人员通过外籍邮轮和我国的远洋船只向大海投放了215个承载着上海世博会邀请函的漂流瓶。邀请函用中、英、法3种文字书写。他们以这种古老的方式向全世界传递友谊的讯号。

2009年，承载着上海世博会邀请信的漂流瓶即将"启航"

人终于由漂流瓶牵线，结成了百年之好。

漂流瓶还是世界各国人民超越国界、跨越时空传播友谊的使者，它使许多远隔重洋、从未谋面的人有缘成为亲密的朋友。

由于借漂流瓶传递情感的浪漫，以及它的偶然性和不确定性，漂流瓶的故事也往往被蒙上一层神秘的色彩，作为美谈世代流传了下来。它自然也成了一些文学作品的素材。

1860 年，著名的法国科幻作家儒勒·凡尔纳发表了小说《格兰特船长的儿女》。在这部名著里他写道：格兰特的妻子因久无丈夫音讯，悲痛欲绝，正准备改嫁他人时，有人拾到了格兰特投放的漂流瓶。当妻子知道丈夫还活着，但被困在一座荒岛之中时，便在"邓

太空"漂流瓶"

　　一个个富有浪漫色彩的漂流瓶故事，引发了人们无限的遐想。太空"漂流瓶"便是这些奇思妙想中的一个。

　　据报道，日本的一家公司计划开发一项为任何个人向太空发送物件的业务。这项业务旨在为委托人提供一个类似于海上漂流瓶的微型个人卫星，供他存放任何私密物件。一旦卫星进入离地面 600~800 千米的轨道，便将每天绕地球飞行 14 圈。卫星的主人可以通过互联网或移动电话获知这颗卫星所在的具体位置。可以想象，如果这只"太空漂流瓶"被设想中的外星人所捕获，它又将演绎出何等浪漫的故事，引起多大的轰动啊！

　　实际上，具有像海上漂流瓶一样功能的太空使者早已出发。20 世纪 70 年代，美国曾向太空发射"先驱者"号和"旅行者"号探测器，它们装载着反映地球文明的各种信息以及对外星人的问候，漂泊天际，寻觅知音。我们说它们是"太空漂流瓶"，也是一个比较贴切的比喻。

先驱者 10 号探测器

肯号"船长的帮助下，按照漂流瓶中所提供的模糊线索，与儿子一起远渡重洋，穿过南美草原、澳大利亚腹地和新西兰，历尽无数艰难险阻，终于找到那座荒岛，与劫后重生的格兰特会面。一家人相拥而泣，又重新生活在一起……

对于充满传奇故事的"瓶子信使"，有位诗人动情地写道：

> 漂流瓶，
> 你这海上的精灵。
> 从遥远的历史漂来，
> 漂入我起伏的诗心。
> ……

洋流"侦察兵"

　　漂流瓶不只充当"信使"的角色，它还能测量海流，担负起"海洋侦察兵"的使命。根据航海史料记载，早在两千年之前，希腊人狄奥弗拉斯塔便曾利用漂流瓶探测海流，绘制海图。或许，他就是最早使用漂流瓶的人。

　　1929 年，英国水文学家曾投放一个名为"流动的荷兰人"的漂流瓶。它从投放地荷兰到达南美海岸，后绕过合恩角进入印度洋。直到 1935 年，这个漂流瓶才在澳大利亚的西南海岸被人捡到。在长达 6 年的漂流时间里，它几乎绕地球"走"了一圈。

　　驱使漂流瓶在海上遨游的是川流不息的海流。海流又称"洋流"，是海水因热辐射、蒸发、降水、冷缩等原因而形成密度不同的水团，在风应力、地转偏向力等作用下所做的大规模相对稳定的流动。它是海水的普遍运动形式之一。

　　海洋里有着许多海流，每条海流终年沿着比较固定的路线流动。它像人体的血液循环一样，把海水从一个海域带到另一个海域，使海洋保持能量以及各种水文、化学要素的长期相对平衡。海流也像陆地上的河流一样，有一定的长度、宽度、深度和流速。风是海流的动力之一，一处的海水在风的作用下流走了，另一处的海水流过来，形成风海流。

　　由于海水密度的水平方向的不均匀分布引起等压面倾斜而产生的洋流，叫密度流。而海水的密度则取决于海水的温度、盐度和压力，其水平方向的分布因地而异。洋流也有冷暖之分，如墨西哥湾暖流、巴西暖流等都属于后者。

　　漂流瓶可以帮助人们获得许多重要的海流信息，对研究全球气候的变化很有帮助。例如，科学家发现，湾流是英国气候湿润的重要条件，而全球气候变暖正使湾流减弱，从而使英国的气候变得干冷。

说得近一点，就有"鸭子'舰队'乘洋流环游地球"的故事。事情发生在1992年1月10日，太平洋中部海域的一场暴风雨，使一艘中国货船上装载着近3万只塑料鸭子玩具的集装箱坠入大海。集装箱被巨浪摧毁后，这些原本应该漂在孩子们澡盆里的小玩具竟成了海上漂浮物。它们组成了一支浩浩荡荡的"鸭子舰队"顺着洋流漂洋过海，演绎出一幕幕生动有趣的活剧。

1993年，一位自称是"破烂司令"的艾伯斯梅耶博士，便开始了对"鸭子舰队"长达15年的追踪。他认为，这么多的玩具从同一地点坠入大海，它们的不同经历和归宿是洞察洋流运动状态的绝佳机会。果不出所料，在两位海滩拾荒者的帮助下，他由此获得了有关洋流的丰富资料，并在海洋学家英格汉姆的支持下，用计算机模拟了表面洋流，测算了"鸭子舰队"的真实环游路线。

就这样，"丑小鸭"意外地扮演了一回"洋流侦察兵"的角色，不仅身价倍涨，还成了一些儿童图书的主角。

"鸭子舰队"

是谁泄露了拿破仑出逃的消息

就像许多新技术的出现都与战争有关一样，18世纪末，远距离视觉通信的诞生，也与战争密切相关。

1790年到1795年，法国正处于资产阶级民主革命的高潮，马赛、里昂等城市相继爆发了起义；由英国、荷兰、普鲁士、奥地利等国组成的盟军包围了法国，英国舰队占领了土伦。盟军虽然在战略上处于优势地位，但因缺乏有效的通信手段，不能很好地协同作战，因而在战争中屡屡失利。

1790年夏天，法国人克劳德·查佩和他的弟兄们着手设计一种能使中央部门以最短的时间获得情报并发出命令的通信系统。1791年，查佩在他的家乡北部城镇布吕隆竖起了一块5米高的木板，木板的一面涂上黑颜色，另一面涂上白颜色，通过木板的不断翻动来传送信息。在试验过程中，查佩的一位医生朋友用这个系统给他发了一份"电报"，报文是："如果你成功，你将赢得无上光荣。"传送这条报文约用了4分钟的时间，传送距离约为10英里（约16千米）。这个速度显然比用骑兵传送信息要快得多。这是查佩首次演示他所设计的被称为"光电报"的视觉通信系统。

视觉通信也称"遥望通信"，它的第二次演示是1792年在巴黎附近的贝勒维尔进行的。演示过程中，设备两次遭到平民的破坏，因为他们怀疑查佩在与被关押的国王路易十六通信。1793 年，查佩被任命为通信工程师，并承担了在巴黎和里尔之间建设视觉通信线路的任务。这条线路全长 230 千米。

克劳德·查佩
（1763—1805）

经改进后的视觉通信装置被称作"托架式信号机"，它被安装在沿线居高而建的一个个塔站里。在塔站，高高竖起一根木柱，木柱顶端有一根水平横杆，横杆两端还各有一个垂直臂。不仅木柱可以转动，横杆和垂直臂也可借助绳索的牵动加以调整，以构成不同的位形。不同的位形代表不同的文字和信息内容。下一个塔站用望远镜可以看到上一个塔站信号机的位形，他们也据此调整本塔站信号机的位形。根据这样的原理，任何文字或信息都可以一站一站地传下去，直到目的地。

德国萨尔州的一处塔站景点

1794 年 8 月 15 日，第一份通过这个系统发送的报文，从里尔传送到了巴黎，它向政府报告了军队已从奥地利人和普鲁士人手中夺回小镇莱奎斯诺的消息。从事件发生到巴黎得知这一消息，所用的时间不到 1 个小时。两个星期之后，巴黎又欣然收到一份通知康德已经收复的报文。

拿破仑对遥望通信情有独钟，自 1799 年他开始执政起，这种视觉通信方式便逐步扩展到了全法国。在 1852 年最高峰时，法国境内拥有 500 多个塔站，将 29 个城市连接起来，形成了一个路由长度约 4800 千米的网络。其中有一条线路一直延伸到布伦海岸，意在防范英国入侵。据说，1815 年，拿破仑从厄尔巴岛逃出的消息，也是通过这个系统快速传到巴黎的。

而后，遥望通信便在欧洲各国兴盛起来，特别是英国和瑞典，都效仿法国，大张旗鼓地建设塔站，发展视觉通信系统。1795 年，英国使用遥望通信系统将伦敦和南部几个港口连接起来；1797 年，英国的乔治·默里设计了由 6 块能开或关的木制挡板组成的视觉通信装置，每块挡板垂直放置代表"关"，水平放置代表"开"，这样 6 块挡板便可产生 64（即 2^6）种组合编码。例如，6 块挡板全部"开"，代表字母"A"，表示"停止工作"；全部"关"代表"C"，表示"已做好接收信号的准备"，等等。

与此同时，查佩发明的遥望通信系统本身也有了许多改进。改进后的水平长杆可定位于水平、垂直或 45° 角，称为"调整器"；原来安装在水平杆两端的垂直杆称为"指示器"，也可有 7 个可供选择的位置。这样，调整器和指示器便有 98 个不同的位形组合，产生有 98 个字母的"字母表"，其中有 6 个字母用作特殊用途。

另外，还出现了"密码本"这种原始加密方式。因为遥望通信是一种广播型媒体，发送的信息谁都能看到，采用密码本可以确保只有掌握密码的接收者，才能明白对方所发送信息的含义。

正当查佩有意把遥望通信从军事应用推向民用和商用，并让它覆盖整个欧洲大陆之时，却出现了有关发明创新所有权的利益之争，查佩怀疑有竞争对手蓄意加害于他。他终日惶惶不安，最终在1805年以自杀的方式结束了自己的生命。

遥望通信是当时传送速度最快的通信方式，曾创造每分钟传送272千米的纪录，但它的缺点也十分明显，那就是系统只能在晴朗和明亮的天气条件下工作。从夜幕降临直至次日旭日东升这段时间，系统都不得不停止工作，而且，遇到雨、雾天气，系统也都难以正常工作。此外，遥望通信沿线塔站的建设费用高昂，且需要投入许多熟练的操作人员轮班值守，因而负担很重，这也影响了它的进一步推广。在当时也只局限于传送官方文件，未能直接服务于普通百姓。

19世纪30年代，电磁电报的出现使遥望通信这种视觉通信方式渐渐地淡出人们的视线。1881年，随着瑞典最后3个塔站被废弃，遥望通信时代终于宣告结束。至今你还能看到当年的塔站在点缀着某些地方的风景，但那仅仅是一些遗迹，它让人们铭记人类通信史上曾经有过的一段辉煌。

从查佩的"光电报"到卫星通信，反映了人类通信在200年间的历史跨越

视觉通信：灯塔、旗语、红绿灯……

　　视觉通信直接作用于人的眼睛，具有直观、简洁的特点。除了前面章节提到的烽火通信和遥望通信之外，属于这类通信方式的还有古老的灯塔，以及近代的旗语、红绿灯、传真、电视、电视电话等。

灯塔

　　一、灯塔

　　灯塔起源于土耳其。据说，公元前 7 世纪，土耳其人在达达尼尔海峡的巴巴角上建起一座像钟楼一般的灯塔，这便是灯塔的"始祖"。18 世纪以前的灯塔都以点燃木柴作为光源；1780 年，瑞士人阿尔岗制成了采用扁平灯芯的油灯，以它作为灯塔的光源。此后，以油灯为光源的灯塔技术不断发展，反光镜、凸透镜等也开始被用来增加光的强度。

　　从 1859 年开始，一些灯塔采用了电气照明，大大改善了照明效果。

　　多姿多彩的灯塔已成为茫茫大海中一道亮丽的风景。它像是一双双不知疲倦的眼睛，扫视着万里海疆，指引着航海者的航行方向。

　　二、旗语

　　早在 18 世纪，法国水手德·拉·博丹纳斯就曾用鲜艳的各色彩旗代表 0 ～ 9 十个数字，用不同的旗子组合表示不同的意思。这大概便是航海旗语的雏形。大约在 1800 年，英国海军也开始使用旗语；1856 年，英国陆军军医发明了通过摇摆一面旗子便能表示不同意思的旗语。

旗语

旗语简洁明了，基本上能表达水手们在海上航行时所要经常传递的一些信息。通过一本旗语手册，任何国籍的水手都能不受语言的影响而彼此沟通。由于这种方式的简便性和有效性，它至今仍为航海者所青睐，成为他们共同的"语言"。

旗语也应用在其他一些场合。在建筑工地和一些比赛现场，我们经常可以看到有人在摇着各色旗子。例如，在赛车时，一旦车道上出现事故，指挥员就会摇动红色旗子中止比赛；打出红黄条纹旗，代表车道打滑；打出蓝旗，代表有超车情况出现，等等。

三、红绿灯

在城市街头司空见惯的红绿灯，也已有近百年的历史。1920年，美国底特律有位叫威廉·彼茨的警察，他在伍德沃德大街和福特大街交叉路口的一个岗亭上，安装了红、黄、绿3种颜色的灯，用来指挥交通。据说，这就是世界上最早的红绿灯。1929年，美国洛杉矶成为世界上第一个为过马路的人安装交通指示灯的城市。今天，红绿灯依然是城市交通管理的重要工具。

发明家的足迹

通信技术的进步离不开发明家的苦心钻研！

电信时代的序幕——莫尔斯和他发明的电报机

序　曲

用电来传送信息，开创了通信时代的新纪元。这是因为自从通信乘上"电"这辆"特别快车"之后，无论是传送速度还是传送距离，都发生了突飞猛进的改变，这是以前所有的通信方式都望尘莫及的。

说到电信，不能不提到 1753 年 2 月 17 日，一封发表在《苏格兰人》杂志上、署名 C.M. 的书信。作者在信中提出了一个大胆的建议：把一组金属线从一个地点延伸到另一个地点，每根金属线与一个字母相对应。当需要从一端向另一端发送信息时，便根据报文内容将一根根金属线与静电机相连接，使它们依次通过电流；电流在通过金属线传到另一端后，悬挂在金属线上的小球便将挂在它旁边的写有不同字母或数字的纸片吸过来。就这样，信息便从一端传送到了另一端。

19 世纪的前 30 年，是人类科技史上十分辉煌的时代。1814 年蒸汽机车的发明，以及 1821 年 6600 马力"大东方号"巨轮的下水，标志着一个"高速"

1814 年英国人斯蒂芬森制造的蒸汽机车

上述有关电流通信机的设想，尽管还不十分成熟，且缺乏应用推广的环境条件，但却使人们看到了电信时代的一缕曙光。

时代的到来。就在这个时候，人类的通信也以电报的发明作为开端，进入了一个飞速发展的电气时代。

"外行"的发明

打开人类科学发明的史册，你会看到许多引领科学技术潮流的发明创造，是出于"外行人"之手。电报发明家莫尔斯便是其中的一位。

塞缪尔·莫尔斯 1791 年出生于美国马萨诸塞州，1810 年毕业于耶鲁大学。他早期从事绘画和印刷，曾两度赴欧洲留学，在肖像画和历史绘画方面都颇有造诣，是当时公认的一流画家。

可是，一次偶然的旅行却改变了莫尔斯的人生轨迹。1832 年 10 月的一天，莫尔斯在接到一封紧急的家书后，便匆匆登上了一艘由法国开往美国的邮轮——"萨帕号"。邮轮要在海上航行一个月才能到达美国。在这次旅行中，他与一位叫杰克逊的美国医生不期而遇。为了排解漫长旅途中的寂寞，杰克逊向同行的人展示了一种叫"电磁铁"的新玩意儿，并绘声绘色地给大家讲解它的原理。

不料，杰克逊对于电磁知识的粗浅介绍，却深深地吸引了画家莫尔斯，并引发了他的许多联想。莫尔斯听完杰克逊的演讲后，便立即回到船舱里，写下了这么一段话："电流可以突然接通，也可以突然中断。如果接通表示一种信号，中断又表示一种信号，接通或中断的长短也可以分别表示不同的信号，那么电流不就可以传送多种信息了吗！"莫尔斯为自己的想法而兴奋不已。从此之后，他便搁置画笔，开始电学研究工作，画室也因此变成了他的实验室。

作为一名画家，我有点"不务正业"啦！

在莫尔斯之前，已经有了不少有关电报机的创意。早在 18 世纪 50 年代，就有一位叫摩尔逊的学者运用静电感应原理设计出了一种用 26 根导线分别传送 26 个字母的电报机；德国的冯·泽海林发明了水泡电报；俄国外交家希林

塞缪尔·莫尔斯（1791—1872）

格制作了用电流计指针偏转来接收信息的电磁式电报机；英国青年库克在伦敦高等学校教授惠斯登指点下制作完成了多种形式的电报机，等等。总结以往这些有关电报的发明，莫尔斯发现，这些设备难以推广的主要原因是过于复杂。他认为，要解决这个问题，必须把 26 个字母的传递方法加以简化。

莫尔斯经过再三思索和反复实验，终于提出了只用两根导线（电报电流从一根导线流出，再从另一根导线流回来），靠"接通"或"断开"电路，并控制接通时间长（划）短（点）来传送信息的办法。尽管英文字母、阿拉伯数字种类不少，但它们都可以被简化为用点和划的不同组合来表示。例如，用一点一划表示英文字母"A"，用 5 个点表示阿拉伯数字"5"等。同样道理，大家所熟知的求救信号"SOS"也可以用"…— — —…"这样的电流通断组合来表示。这就是莫尔斯为简化电报通信而发明的电码，人称"莫尔斯电码"。

　　莫尔斯在试验电报机的过程中耗尽了资财，在贫困交加中艰难生活。但"功夫不负有心人"，经过近 5 年的努力，在 1837 年 9 月 4 日，莫尔斯终于在精通机械的伙伴维尔的帮助下，制造出了世界上第一台实用的电报机。那年，莫尔斯 46 岁。

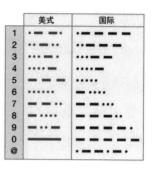

莫尔斯电码

莫尔斯电码电报发报机

美式莫尔斯电码是一种实际上已经绝迹的电码，但国际莫尔斯电码至今还在被使用着。

知识窗

中国第一条电报线路

据史料记载，我国的第一条电报线路诞生在天津。

天津曾经是清朝洋务运动在我国北方的发源地和中心。早在1876年，李鸿章便成立电报专业学校，开始培养电报专业人才。1877年6月，也就是莫尔斯发明电报后的40年，天津架设了一条长达8000米的电报线路，从而开启我国电气通信史的新篇章。

紧随其后，1877年10月16日，清政府在台湾的台南至旗后（今高雄）兴建了全长95华里（47.5千米）的民用电报线路。从此，电报通信在我国逐渐发展了起来。

1887年敷设的福州至台湾的电报水线——闽台海缆，是中国自主建设的第一条海底电缆。图为闽台海缆实物

晚清电报局内景

历史上的第一份电报

电报的发明，揭开了电信时代的序幕。从此，通信被"插"上了电的翅膀，在"滴答"一声（1秒钟）中，它便可载着信息"行走"30万千米！

1843年，莫尔斯经过力争，终于获得美国国会3万美元的资助。他用这笔钱建成了从华盛顿到巴尔的摩的电报线路，全长64.4千米。1844年5月24日，在座无虚席的华盛顿国会大厦里，莫尔斯用他那激动得有些颤抖的手，向巴尔的摩发出了人类历史上的第一份电报："上帝创造了何等奇迹！"

1844年5月24日，莫尔斯亲自发出人类历史上第一份长途电报

纽约中央公园的莫尔斯雕像

　　莫尔斯的那些"点"与"划"，宣告了一个让地球"变小"的瞬时通信新时代的到来。为了让世人记住这位电报发明家的不朽功绩，1858 年，纽约中央公园矗立起莫尔斯的雕像。

电报为什么
淡出人们的视线

电报已有 100 多年的历史。在我们的记忆中，直到 20 世纪六七十年代，它依然雄风不减，与电话并驾齐驱，是百姓使用最普遍的通信工具之一。

可是，了解电报工作原理的人都知道，一份电报所传送的信息要为对方所接收，必须经过如下复杂的过程：向电报局提交报文——编码（译报员将每个汉字和数字译成用 4 位阿拉伯数字表示的代码）——发报（将电报信息以电信号的方式发送出去）；到对方后，电报局的收报员用收报机接收电报——译报（译报员将用阿拉伯数字表示的代码翻译成汉字和数字）——投递（将电报送到收报人手中）。以上过程不仅费力、费时，而且通信双方不能及时沟通。但在很长一段时间里，由于电报占用电路少，相比电话通信费用比较便宜，加上它是"白纸黑字"，可以有永久保存的记录，不像电话那样"口说无凭"，因

20 世纪的北京电报大楼

曾经的电报业务宣传页

而仍然有很大的市场。

可是，随着电话通信在技术上的不断进步，以及资费的不断降低，人们便更倾向于使用这种有感性色彩的"面对面"实时对话。电话的后来居上，一步步挤压了电报的生存空间。特别是近年来移动电话短信息、E-mail（电子邮件）的井喷式发展，使电报的地盘一天天缩小，以致有人怀疑它是否还有存在的价值。

2002 年，新加坡电信公司发出该国历史上的最后一份电报。这份电报的内容是向一对在印度举行婚礼的年轻夫妇表示祝贺。我国的许多城市，也相继贴出不再受理电报业务的告示。看来，电报淡出公众通信舞台，已经成为定局。

2021 年，上海最后一台"用户电报"退网，退出历史舞台的用户电报交换系统上，挂着北京、西安、广州、成都等各个地方铭牌，铭牌下方红、绿信号灯交替闪烁……

2021 年 6 月 16 日，上海最后一台用户电报 T203 型交换设备退网

随着科技的不断进步，不只是电报，很多大众熟悉的科技产品都在"长江后浪推前浪"中被淘汰。你知道哪些曾经红极一时的产品已经被淘汰了？

谁是英雄　谁是窃贼——电话发明权的百年之争

第一个取得电话发明专利的人——贝尔

很多年以前，美国波士顿法院路 109 号顶楼的门口便钉上了一块铜牌，上面写着："1875 年 6 月 2 日，电话在这里诞生。"与这一历史事件相联系的，便是一个耳熟能详的名字——亚历山大·格雷厄姆·贝尔。

1875 年 6 月 2 日，贝尔以电话传声的原理得到了实验证明；1876 年 2 月 14 日，贝尔前往美国专利局为他的电话（右桌上）申请专利

1876 年 3 月 7 日，美国专利局批准了贝尔的电话发明专利申请，专利号是 174465。当时，与贝尔一样进行电话发明试验的人，还有格雷、李斯、梅乌奇、爱迪生等，他们也都有不凡的业绩，只是贝尔在专利申请上抢先了一步。其中，格雷仅以几小时之差痛失发明电话的桂冠，一场持续十年、轰动一时的电话发明权之争，以贝尔的获胜而告终。

说到贝尔与电话，很多人都知道这样一个故事：1876年3月10日，贝尔在一间房子里做电话实验，一不小心把装在瓶子里的硫酸打翻了，溅在自己的腿上。他疼痛得叫了起来："沃森，快来帮我啊！"没想到，这个声音通过正在试验的电话装置传到了在另一个房间里协助贝尔做试验的沃森耳中。这声喊叫，也成了人类通过电话传送的第一句话而载入史册。

压力山大！为了保住电话发明专利，我一共打了大概600场官司。

亚历山大·格雷厄姆·贝尔
（1847—1922）

因为这个缘故，1876年3月10日，一直被视为电话发明日。

贝尔展示他发明的电话

1847年，贝尔出生在苏格兰。他的祖父和父亲毕生从事聋哑人教育事业。受家庭的熏陶，他从小便对声学和语言学产生了浓厚的兴趣。那时，正是莫尔斯发明电报不久，电报成了当时的"新潮"，贝尔也对它十分热衷。在一次做电报实验时，他偶然发现一块铁片在磁铁前振动而发出微弱的声音，这一现象给贝尔以很大的启发。他想，如果对着铁片讲话，不也可以引起铁片的振动吗？如果在铁片后面再放上一块绕有导线的磁铁，振动着的铁片便会使导线中的电流产生时大时小的变化；变化的电流通过导线传到对方后，又可推动电磁铁前的铁片做同样的振动，这样，声音不就可以以电的形式进行传递了吗？这就是贝尔关于电话的最初构想。

贝尔在发明电话的过程中受到过不少挫折。在实验的过程中，他深感自己知识的不足。于是，他千里迢迢来到华盛顿，向素不相识的美国著名物理学家约瑟夫·亨利请教。亨利对他说："你有一个伟大的发明设想，干吧！"当贝尔说到自己缺乏电学知识时，亨利说："学吧！"就在亨利这"干吧"和"学吧"的鼓励下，贝尔开始了发明电话的艰难历程，并一步步走向成功。

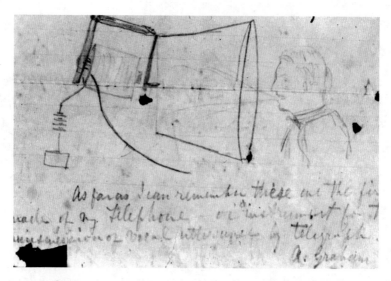

贝尔的电话草图

1892 年 1 月 25 日，贝尔打通了纽约至芝加哥的长途电话

"盖棺"尚难"论定"

有一句成语，叫"盖棺论定"，意思是说，人的是非功过，只有到生命完结以后才能给出结论。但这不适合于贝尔，因为关于电话发明的是非，一百多年后仍为人所争论，甚至有人提出了颠覆性的结论。

就在电话发明 126 年后的 2002 年 6 月 16 日，美国众议院通过表决，推翻了贝尔发明电话的结论，认定安东尼奥·梅乌奇为发明电话的第一人。

梅乌奇是一位意大利移民。早年，他在研究电击法治病的过程中，发现声音能以电脉冲的形式沿着铜线传播。1850 年，他移居纽约后继

有趣的是，电话发明人可能另有其人。

安东尼奥·梅乌奇
（1808—1889）

续这项研究，并制作出了电话的原型。1860年，他公开展示了这套装置。当时纽约的意大利报纸披露了这条消息。

但当时的梅乌奇穷困潦倒，无法拿出250美元为自己申请发明专利。后来，他把一台样机和记录有关发明细节的资料寄给了西方联合电报公司。可是，1876年2月，曾经与梅乌奇共用一间实验室的贝尔却申请了电话发明专利。梅乌奇为此对贝尔提起诉讼，不料，命蹇时乖，正当胜诉在望时，梅乌奇却与世长辞了，诉讼也因此而终止，一场电话发明权之争就此沉寂下来。百余年后，美国众议院旧事重提，让贝尔摘下桂冠，沦为窃贼，这确是出乎人们意料。对此，加拿大议院很快便做出了反应，它也以决议的形式重申贝尔是电话发明人，以此来反击美国众议院的决定。看来，这场围绕电话发明权的争论，一时难以平息下来。

梅乌奇做的第一套电话样机配件

 知识窗

"telephone" 和 "Hello" 的由来

托马斯·爱迪生
（1847—1931）

1861 年，也就是贝尔取得电话发明专利的前 15 年，德国科学家菲利普·李斯博士便制造出了一种用电磁原理把声音传向远方的装置。他把这种装置取名为 telephone。这个名词一直沿用了下来，直到今天。把它译成中文，便叫"电话"。

Hello（喂），这是人们在接听电话时应答对方说的第一个词。据美国电报电话公司（AT&T）的档案记载，最先说出这个词的不是别人，正是大发明家爱迪生，那是在 1877 年。

对于普通老百姓来说，电话是谁发明的可能并不重要，重要的是这项发明给人类交流沟通带来了实实在在的好处。毫无疑问，电话的发明是人类信息史上划时代的革命。它使人们可以在地球任何两地间说着悄悄话。

电话是谁发明的可能并不重要，重要的是它改变了人类的历史。

电话趣闻

在国际电信联盟出版的《电话100年》这本书里，披露了一个鲜为人知的信息：早在公元968年，中国人便利用竹管能长距离传送声音的原理，发明了一种类似电话的传声工具——"竹信"。

在1876年举办的费城世博会上，刚发明的电话和打印机都成了"明星"。当前来参观的巴西皇帝佩德罗二世听到从电话里传出的声音时，竟然吃惊地把听筒扔到地上，大声叫道："天哪！它会说话！"

巴西第一个使用电话的人——
佩德罗二世

1881年，英籍电器技师皮晓浦在上海十六铺架起第一对电话线，电话机装在马路两头，这是电话首次进入中国人的视线。1882年，丹麦大北电报公司在上海外滩创办了我国第一个电话局，当时只有25个用户。

1885年安特卫普世博会上，组织者别出心裁，把电话接到50千米外的布鲁塞尔歌剧院，让观众通过电话耳机欣赏音乐会的现场直播。从此，电话一步步深入人心。

1889年8月13日，威廉·格雷在哈佛发明了世界上第一部公用投币电话机。

1939年9月1日凌晨2点40分，美国总统富兰克林·罗斯福首次从电话中得知第二次世界大战开始的消息。据统计，在二战中美国总统共使用与战争有关的长途电话达1.964亿次。

赫伯特·克拉克·胡佛
（1874—1964）

富兰克林·罗斯福
（1882—1945）

● REC

早在1878年，美国第19任总统拉瑟福德·海斯就给白宫安装了第一部电话。但在胡佛当选总统前的半个世纪里，白宫的电话线只扯到了总统办公室的外面，总统的办公桌上从未安装过电话。

殡仪馆老板的发明

电话发明后的头几年里，它还不那么受人重视。因为当时有电话机的人很少，它只能为极少数的人提供服务。如果同一个城市或地区里有很多人家中有电话，而你要与其中的某个特定用户通话，那么就需要有人来把你的电话与对方的电话用线连上。担负这项接线任务的设备就叫作"电话交换机"。

早期使用电话时，打电话的人要先对话务员说"这里是（This is）……"，并告知要转（接线）到哪里，这样才可以通话。这一口语习惯一直延续到现在。

话务员和人工电话交换机

世界上第一台电话交换机是在电话发明后的两年（即 1878 年）在美国康涅狄格州的纽好恩出现的。由于接线工作是靠人工完成的，因而称它为"人工电话交换机"。

当时的纽好恩电话局只有 20 个用户，当话务员看到工作台上某用户的信号灯闪亮时，便知道他要通电话，于是赶忙将一根塞绳的一端插进连接该用户电话机的塞孔，另一端插进对方用户的塞孔，用导线为他们搭起一座"桥"；双方通话完毕后，话务员还要及时把这条塞绳拔下来以应付别的呼叫。其间，还要进行许多其他操作。后来，随着电话用户人数的不断增加，以及电话呼叫的日益频繁，一两个话务员就应付不过来了；而且每个话务员都要同时为许多用户服务，不仅手忙脚乱，疲惫不堪，还常常容易出错。

电话的接续由人来完成，还有一个十分明显的弊端，那就是容易受人操纵。也正是由于这个弊端，推动了一个外行人走上了发明自动电话交换机之路。

说来有点令人难以置信，发明自动电话交换机的不是像贝尔那样有电信专业背景的人，而恰恰是与这一行毫不搭界的殡仪馆老板。

这个发明自动电话交换机的人

人工交换机由用户线、用户塞孔、绳路（塞绳和插塞）和信号灯等设备组成。用户要打电话，得先与话务员通话，告诉话务员要找谁，然后由话务员帮助接续。

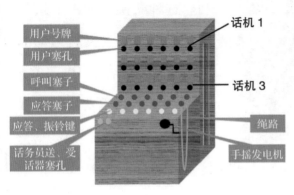

人工电话交换机结构

阿尔蒙·史端乔
（1839—1902）

名叫阿尔蒙·史端乔，他是美国堪萨斯城一家殡仪馆的老板。因为经营得法，史端乔的殡仪馆常常是"丧客盈门"，业务应接不暇。谁料，这兴隆的生意竟招来同行的嫉妒，一位竞争对手居然想出了用钱收买当地人工电话交换机接线员的办法，让那位接线员把请史端乔办丧事的联络电话统统都接到他那里。半年下来，史端乔的生意渐渐冷清了下来，最后只能惨淡经营，维持生计。当他终于搞清其中的缘由之后，一怒之下，抛弃了旧业，下决心要研制出一种不需要话务员接线的交换机。

经过3年的苦心钻研，史端乔大功告成，终于在1891年3月10日获得了第一个自动电话交换机的专利权。同年，史端乔电话公司成立。随后，史端乔式的自动电话交换机在美国印第安纳州批量投产，并远销国外。1905年12月，史端乔获得了划时代的第638249号美国专利。这是一项步进式驱动的十位制交换机专利。这种交换机的每个选组器具有能垂直和旋转运动的一条触排，可容纳10×10条线路。正是这项发明，使得史端乔名扬四海，永载史册。

史端乔发明的世界上第一台步进制电话交换机（部件）

1906年，拨号式电话机

发明后，史端乔式交换机便可以直接接收从电话拨号盘发来的脉冲，并由它直接控制电话的接续过程。这大大简化了通话过程，提高了电话通信的效率。

 **知识窗**

中国第一个电话局

1882 年（光绪八年），英国人皮晓浦把电话这个新玩意儿带到了中国。他从上海十六铺到广东路的正丰街拉起了一对电话线，招呼过往行人前来尝试打电话的滋味。打一次电话收费 36 文，吸引了许多赶时髦的上海人。

1882 年 2 月 21 日，丹麦大北电报公司在上海外滩杨子路 7 号开办了我国第一个电话局，在那里安装了第一台电话交换机。电话局开张之初，仅有 25 家用户。这年夏天，皮晓浦开办了第二个电话局，有用户 30 多家。两个电话局各自经营，互不相通。

当时电话局使用的是人工磁石电话交换机，直到 1924 年，才开始安装自动电话交换机，当时的电话用户已发展到了两千多户。

晚清上海电话局内景

电话交换机的变迁

　　史端乔的发明使电话的接续从人工改为自动，大大节省了劳动力，提高了通信效率。

　　史端乔发明的自动电话交换机之所以叫"步进制自动电话交换机"，是因为它是靠电话用户在拨号时所发送的拨号脉冲，做一步一步的机械动作的。例如拨一个数"5"，交换机中相应的某个选组器就会上升 5 步，并做旋转动作，选择一个空闲节点停下来后与下一级选组器相接续，依次类推。就这样，交换机便在用户拨号所发出的指令（拨号脉冲）的驱动下，把主叫用户和被叫用户连接了起来。

　　步进制自动电话交换机和在同一个历史时期使用的旋转式自动电话交换机，都是靠机械的上升、旋转动作完成接线工作的，运行中噪声大，机械部件也易磨损，免不了常出故障，需要经常维修。

　　1919 年，瑞典的电话工程师帕尔姆格伦和贝塔兰德发明了一种叫作"纵横制接线器"的自动接线装置，并取得了专利。1929 年，世界上第一个纵横制电话局在瑞典松兹瓦尔市建成，当时有用户 3500 个。

　　纵横制接线器是通过控制流经电磁装置的电流，来驱动相关的纵棒和横棒

纵横制交换机

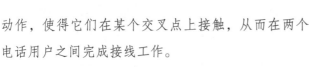

● REC

　　虽然"纵横制"与"步进制"都是利用电磁机械动作接线的，同属机电式电话交换机，但"纵横制"比起"步进制"还是明显进步了。它不仅噪声小、使用寿命长，日常的维护工作量也大大减少了。

动作，使得它们在某个交叉点上接触，从而在两个电话用户之间完成接线工作。

　　针对机电式交换机噪声大、体型笨拙的问题，20世纪40年代出现了用电子元器件制造的电子式自动电话交换机。这种交换机分控制部分和通话接续部分，以电子元器件代替了以往机电式交换机中的机电元器件。

　　随着电子计算机的应用，1965年5月，诞生了世界上第一部程控电话交换机，从而开创了电话通信的新纪元。

　　程控电话交换机虽说也是电子式交换机的一种，但由于引入了先进的计算机技术，便从根本上改变了电话通信的面貌。它不仅接续速度快、声音清晰，而且由于交换机的功能可以方便地通过修改程序来实现，给电话通信带来了极大的灵活和方便。而今备受百姓青睐的电话闹钟服务、呼叫转移服务、三方通话服务、遇忙回叫服务、免打扰服务以及热线服务等，都是程控电话交换机所独有的功能。

无线时代报春人

有人把我们这个时代称作"无线时代"。无线电广播与电视、移动电话、卫星通信，还有风头正劲的无线互联网，这些与普通老百姓生活关系十分密切的传输媒体，无不与"无线"二字紧紧地联系在一起。现在，有些大中城市还提出了建立"无线城市"的口号。可见，时代的航帆已经驰入了电磁波的海洋，人们的生活已深深地打上了"无线"的烙印。

电磁波在自然界里早已存在，譬如，在雷鸣电闪之时，就有大量的电磁波产生。由于它看不见、摸不着，很长时间不被人们所认识。那么，是谁叩开了电磁波世界的大门，揭开它的面纱，并一步步把它引入我们的生活的呢？

迈克尔·法拉第（1791—1867）

一个装订工的伟大发现

1791 年，迈克尔·法拉第出生在伦敦近郊纽恩顿的一个铁匠人家。由于家境清贫，13 岁便失学了。后经人介绍，到一家书店当了装订工。在那里，对着很多书，法拉第像是一块巨大的海绵，扑向知识的海洋，贪婪地吮吸着。在装订《大英百科全书》的时候，他被一些有关电学的条目吸引了，由此对电产生了浓厚的兴趣。

1812 年初秋的一天，一位常来店里买书的顾客给了他一张戴维系列报告会的入场券。戴维是英国大名鼎鼎的化学家，他演讲的内容正是法拉第所感兴趣的电学。每次

汉弗里·戴维（1778—1829）

听讲，法拉第总是早早地走进讲堂，找到一个离演讲人最近的座位坐下。他聚精会神地边听边记，回家后又将笔记翻来覆去地看，认真地加以整理。后来，他将这些笔记装订成册，作为一份特殊的圣诞节礼物送给了他的恩师戴维。

戴维是一个很重视人才的人。他为法拉第对科学的热情和执着所打动，不仅邀他来自己的家中见面，还推荐他当上了皇家实验室的一名助理员。法拉第如鱼得水。在短短的几年时间里，他不仅协助戴维和其他几位科学家完成了许多重要的实验，还独自进行了一些研究。

1820 年，丹麦科学家奥斯特发现通电的导线会使附近磁针偏转的磁效应，以及磁铁可使载流线圈发生偏转的现象，从而首次揭示了电与磁的关系。同一时期，法国科学家阿拉戈、安培以及法拉第的恩师戴维都进行了有关电与磁的研究，取得了不少成绩。

法拉第心想，既然电能生磁，为什么磁就不能生电呢？他苦思冥想，反复实验，耗费了将近 10 年时光，终于迎来了峰回路转的一刻。

1831 年 8 月的一天，当他用一根磁棒插入和拔出接有电流计的

线圈时，惊喜地发现电流计的指针竟然来回晃动了起来，他不禁大声地叫道："磁生电了！"

法拉第并不满足于上述电磁感应现象的发现，还进一步致力于电磁理论的研究。他想搞清楚磁与电之间到底是靠什么关系联系、转换的。虽然，由于缺乏系统的数学知识，他最终还是没有推导出表示电与磁关系的公式，但他发现的磁生电的现象，却催生了人类历史上第一个感应式发电机的问世，使人们见到了电力时代的一缕曙光。

作为电磁学的奠基人之一，法拉第的成就远不止于此。他一生淡泊名利，孜孜不倦地追求科学真理，先后获得各类荣誉 95 项。戴维高度评价了法拉第的历史贡献，他晚年在日内瓦养病时，有人曾问过他一生中最伟大的发现是什么，戴维绝口不提自己在化学领域一个个瞩目于世的成就，毫不犹豫地说："我最伟大的发现是一个人，他就是法拉第！"

● REC

同历史上那些多才多艺的大科学家一样，法拉第不单是物理学家，他还是一位著名的化学家。

法拉第的化学箱

1846 年 1 月 23 日，法拉第在伦敦皇家学院演讲

第一个预言电磁波的人

说来也巧，就在法拉第发现电磁感应现象的那一年（1831 年），苏格兰的爱丁堡迎来了一个名叫詹姆斯·克拉克·麦克斯韦的新生命。

正是这个从小聪颖好学、16 岁便考上爱丁堡大学的天赋不凡的年轻人，从法拉第手中接过了探索电磁世界的"接力棒"，完成了他在电磁理论研究方面未竟的事业。

麦克斯韦在爱丁堡大学上了 3 年学之后，便进入赫赫有名的剑桥大学深造。1854 年，他以数学甲等第二名的成绩毕业。也就是在

詹姆斯·克拉克·麦克斯韦
（1831—1879）

这一年，他一头扎进了当时最尖端的电磁学的研究，次年便发表了《论法拉第的力线》这篇有名的论文。

当时已年届 63 岁的法拉第在读到这篇论文时真是大喜过望。他很想见见这个才气横溢的作者，但由于麦克斯韦名不见经传，几经打听，还是没有如愿。直到 4 年之后，他终于等到了这期待已久的会面。一天，一对年轻夫妇登门造访，男的便是麦克斯韦。法拉第向这位后辈介绍了自己这些年的研究成果，并直言仍未明了电与磁的关系。

麦克斯韦针对法拉第给他出的一道难题，整整用了 5 年时间潜心钻研，终于创立了电磁理论。他用数学公式表达了法拉第等人的研究成果，并把法拉第的电磁感应理论推广到了空间。麦克斯韦方程揭示了电磁场的运动规律，他认为，在变化的磁场周围能产生变化的电场；变化的电场周围又会产生变化的磁场。如此推演下去，交替变化的电磁场就会像水波一样向远处传播开去。由此，人们认定，麦克斯韦是人类历史上第一个预言电磁波存在的人。

在这 5 年中，麦克斯韦先后发表了《物理的力线》和《电磁场的动力学理论》两篇具有划时代意义的论文，为电磁学的发展奠定了坚实的理论基础。法拉第高度评价这位后生的贡献，于 1867 年带着满足溘然离世。

写有麦克斯韦方程组的邮票

1873 年，麦克斯韦写成了《电磁学》一书，为电磁理论奉献了一部经典之作。在当时，麦克斯韦的理论未免有点超前，以致曲高和寡，质疑、反对之声不绝于耳。1879 年，这位年仅 48 岁的科学伟人孤独地死去，但他创造的电磁理论却照亮了后来者前进的道路，开启了一个广泛运用电磁波为人类造福的新时代。

是他，首先发现了电磁波

由于受传统的"超距说"的影响，法拉第、麦克斯韦创立的电磁理论在当时被视为奇谈怪论，在德国和奥地利丝毫没有立足之地。只有少数几位有远见卓识的物理学家才看到它潜在的价值，跋涉于求证电磁波存在之路。德国人赫兹就是其中的一位。

海因里希·鲁道夫·赫兹是律师的儿子，从小勤奋好学，对物理学尤为钟爱。1878 年，21 岁的赫兹来到柏林。一次，他在聆听一位叫亥姆霍兹的物理学家演讲时，深受鼓舞，决心投身于科学。随后他考入柏林大学，成为亥姆霍兹的得意门生，并在导师的指导下，开展对电磁波的深入研究。

1886 年，赫兹制作了一个十分简单的"电波探测器"。实际上，它是在一条弯成环状的铜线两头，连接着两个相对距离可以调节的小金属球的装置。1887 年的一天，赫兹像往常一样钻进了暗室，开始他寻找电磁波的实验。他发现，当在两个靠得很近的金属球上加上高压电时，两个金

海因里希·鲁道夫·赫兹
（1857—1894）

属球之间便有放电现象。这时，他听见身后那个叫"电波探测器"的圆环也发出噼噼啪啪的声音。当他把圆环的开口处调小时，还发现有火花从两个小球之间的缝隙穿过。这就提供了能量能够越过空间进行传播的有力证据。

赫兹在研究电磁波的过程中，还发现了光电效应，即物质（主要指金属）在光的作用下释放出电子的现象；以及电磁波具有以光波速度直线传播，并与光波一样具有反射、折射、干涉、衍射等性质。此外，赫兹还有许多其他方面的研究成果。

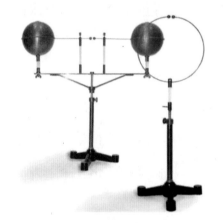

 REC

这样一次看似十分平常的实验，却证实了麦克斯韦关于电磁波存在的预言，并为人类利用电磁波开辟了无限广阔的前景。赫兹的实验公布后，在科学界引起了极大的轰动。由法拉第开创、麦克斯韦总结的电磁理论，至此算是取得了决定性的胜利。

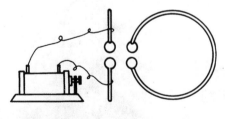

赫兹的实验装置及示意图

电磁波服务人类

　　为了纪念赫兹在电磁波研究上的不朽功绩，后人以他的名字作为频率的单位，以符号 Hz 表示。1 赫兹 =1 次 / 秒。

　　遗憾的是，赫兹英年早逝，1894 年 1 月 1 日，他在久病之后死于败血病，终年 37 岁。更令人遗憾的是，他在离开这个世界之时，还没有认识到他这个著名实验的划时代意义，认为"这只是验证了麦克斯韦的理论是正确的"。他否认电磁波用于通信的可能性，更没有看到他所发现的电磁波竟有如此广泛的用途。

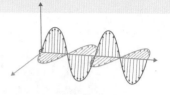

话说"电磁波"

在认识电磁波之前，我们先要了解电场、磁场以及电磁波这些相关名词的基本概念。

电场是传递电荷与电荷间相互作用的场。因此，在电荷周围总有电场存在。而磁场呢，它是传递物体间磁力作用的场。在磁体以及有电流通过的导体的周围空间都有磁场存在。上面我们已经提到，丹麦科学家奥斯特 1820 年发现的通过电流的导线能使它附近的磁针发生偏转的现象，正说明了这一点。这告诉我们，电与磁之间存在着某种必然的关系。

电磁场就是电场和磁场的统称。麦克斯韦首先提出，在变化的磁场周围能产生变化的电场，在变化的电场周围能产生变化的磁场，它们同时并存、相互转化。这种电场和磁场周期性的交替变化，就像微风吹拂水面所产生的水波一样，从近及远传播开去，这就是电磁波，也常称为"电波"。

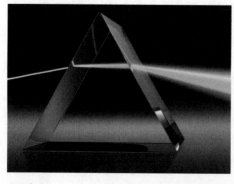

光的色散

早在 1865 年，麦克斯韦便已得出电磁波的速度等于光速，都是 30 万千米/秒的结论。这不是巧合，而是因为光波就是电磁波的一种。其实，电磁波的波长或频率的范围很宽，如果按照它们在电磁波频谱中的位置，由低到高排列的话，依次为工频电磁波、无线电波、微波、红外线、可见光、紫外线、X射线、γ射线。在以上这些电磁波形式中，除了可见光之外，都是我们肉眼所看不见的。

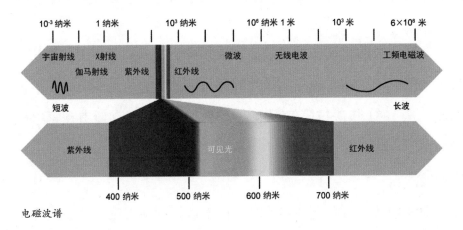

电磁波谱

电磁波的传播不需要介质，因此在地面、水下、浩瀚太空，电磁波无处不在。同一种频率的电磁波，在不同的介质中具有不同的传播速度。电磁波在同一种介质中沿直线传播，在通过不同介质时，会发生折射、反射、绕射、散射以及吸收等现象。

电磁波的波长不同，在传播过程中衰减也不相同。波长越长，其衰减也就越小。而且，波长越长，也越容易绕过障碍物继续传播。

电磁波造福于人类的例子不胜枚举。可是，它所造成的电磁污染也不容忽视。其中，能对人体造成危害的电磁辐射更引起了人们越来越多的关注。电磁辐射主要通过热效应、非热效应和积累效应对人的健康产生影响，我们应引起警惕，采取必要的防范措施。

发明无线电报的年轻人
——马可尼与波波夫

一项伟大的科学技术成果从发明到真正为人类所利用，往往要经过很长的时间，需要倾注几代人前赴后继的努力。无线电的问世便是如此。从1831年法拉第发现电磁感应现象，到麦克斯韦预言电磁波的存在，再到赫兹透过闪烁的火花证实麦氏的预言，中间历经了三代人的努力。

即便如此，赫兹直到临死时，仍未认识到他发现电磁波的意义。他断然否认利用电磁波进行通信的可能性。他认为，若要利用电磁波进行通信，则需要一面面积与欧洲大陆相当的巨型反射镜，这显然是无法实现的。当时许多科学家也认为，既然电磁波与光一样具有直线传播的性质，那么它就不太可能越过球形的地球表面，进行远距离的信息传输。就在这样一个背景下，有关无线电实际应用的探索一度出现了停滞，其空白期竟达7年之久。

我认为我发现的电磁波不会有任何实际应用。

然而现在几乎没人能离开电磁波。

但是，"赫兹电波"的闪光依然点燃了一些有志追求科学真理的人的智慧火花，照亮了他们不朽的人生征程。在这些人中间，便有功勋卓著的无线电报发明家马可尼与波波夫。他们从赫兹手中接过接力棒，让电磁波最终投入到造福于人类的实际应用之中。

最早发明无线电的人，是俄国人波波夫，还是意大利人马可尼？

意大利人马可尼和俄国人波波夫都是公认的无线电发明家，但这顶无线电发明人的桂冠到底应该戴在谁的头上，却一直存在争议。这与科技史上其他一些重大发明的发明权之争一样，最终很难争出个结果来。现在，让我们追溯一下那段激动人心的历史吧。

第一份通过无线电波传送的电报

1895 年 5 月 7 日，时任沙俄帝国海军鱼雷学校物理讲师的波波夫，在彼得堡宣读了名为《关于金属屑和电振荡关系》的论文，并当众展示了他发明的无线电接收机。当他的助手雷布金在大厅的另一端接通火花式电波发生器时，波波夫身旁的无线电接收机便响起铃来；断开电波发生器，铃声立即中止。在这次公开展示后不久，波波夫便正式用收报机作为无线电信号的接收终端，还使用了一根今天被我们称作"天线"的导线，搭在由法国物理学家布兰利发明的金属屑检波器上。于是，世界上第一台无线电报机就此诞生。

　　1896 年 3 月 24 日，在俄国物理化学学会的年会上，波波夫和雷布金操纵他们自己制作的无线电收发报机，做了一次用无线电传送莫尔斯电码的表演。发送的报文是"海因里希·赫兹"，以此来表示他们对这位电磁波先驱的崇敬之情。虽然当时的通信距离只有250 米，但这份电报却是世界上最早通过无线电传送、有明确内容的电报。

　　1859 年 3 月，波波夫出生于俄国乌拉尔地区的一个小镇，父亲是位牧师。波波夫年幼时便表现出了对电工的浓厚兴趣，他曾经用电铃把家里的时钟改装成闹钟。1877 年，18 岁的波波夫考入了彼得堡大学的数学物理系，由于家境贫困，靠半工半读的方式完成了学业。29 岁那年，境外传来了赫兹发现电磁波的消息，令他振奋不已。他深有感触地说："如果我一生都不停地去装电灯，也只能照亮辽阔俄罗斯一个很小的角落；如果我能驾驭电磁波，就可以飞越整个世界了。"正是这种隐藏于他内心深处的理想和抱负，以及让科学服务于人类的激情，推动他踏上了研究和开发电磁波的应用之路。

亚历山大·斯塔帕诺维奇·波波夫
（1859—1906）

　　第二年，他便成功地重复了赫兹的试验；1894 年，他制成了第一台无线电接收机，从此登上了无线电发明家的宝座。

　　尽管由于马可尼先于他取得无线电发明专利，目前欧美诸国普遍认为马可尼是无线电发明人，但波波夫作为探索无线电世界的先驱，同样受到人们的尊敬。在 1900 年举行的巴黎万国博览会上，波波夫获得了大金奖。1945 年，也就是在波波夫逝世 39 年后，苏联政府把 5 月 7 日定为"无线电发明日"，以此铭记这位无线电发明家的不朽功绩。

波波夫发明的无线电接收机

马可尼："地球村英雄"

2001 年，是马可尼进行越洋无线电通信获得成功 100 周年。在一次有马可尼女儿艾莱特拉出席的纪念仪式上，时任意大利总理贝卢斯科尼提醒人们，不要忘记"全球化"的首位倡导者——马可尼。意大利邮电部长也称马可尼为"意大利的神话，真正的地球村英雄"。

马可尼是否无愧于这样一个称号呢？这还须回溯一下 100 多年前的一段历史。

1874 年，马可尼出生于意大利博洛尼亚的一个农庄主家庭，从小就对音乐和科学都很感兴趣。1894 年，用实验证实电磁波存在的赫兹与世长辞，那一年，马可尼才 20 岁。当他从杂志上看到赫兹的实验报告时，一下子便被吸引住了。他想，既然赫兹能在几米之外检测到无线电波的存在，如果能把接收机做得再灵敏一点，不就可以在更远的地方接收到无线电波

伽利尔摩·马可尼
（1874—1937）

马可尼制作的第一台无线电发射器

了吗？就是这样一个十分简单、朴素的推理，推动了他去进行一次又一次无线电传播实验。

他把位于格里丰山谷的父亲的庄园作为实验场，在楼上装了无线电发报装置，楼下装了收报装置。开始时，父亲认为他这是不务正业，不予支持；邻居们也都冷嘲热讽，说他异想天开。但马可尼毫不气馁。直到有一天，正当他父亲在专心看报时，忽闻一阵铃声从马可尼的收报装置里传出来。父亲尚不知发生了什么事情，只听马可尼高兴地喊了起来："我成功了！"

马可尼的首战告捷，改变了他父亲的态度，开始给了他一些财力支持，使他的实验能继续进行下去。但进一步的试验却需要大量资金，而意大利政府对此并无热情，不但不予支持，反而认为马可尼是一个骗子。无奈，马可尼只好于1896年2月远走他乡，投奔英国。

就在马可尼到达英国那一年的9月，他在索尔兹伯里平原成功地进行了一次无线电通信实验，传送距离是2.7千米。1897年3月，他把天线挂在风筝上，又进行了一次通信距离为6~7千米的无线电通信实验。他再接再厉，终于在同年5月，成功地进行了跨越布里斯托海峡的无线电通信实验，全程14.5千米。

1897年7月20日，他注册成立了马可尼无线电报公司，由此迈

埃菲尔铁塔与无线电通信

巴黎埃菲尔铁塔闻名遐迩，是法国的象征。这是天才的法国工程师埃菲尔于1889年为巴黎举办世界博览会而设计建造的。可很少有人知道，这个铁塔还与电信有一段生死渊源。

1893年，埃菲尔开始研究铁塔的科学价值。这时塔上已建有气象站和物理实验室。1898年，塔上安装上了发报机；1906年又建立了无线电台。据称，这个电台在第一次世界大战期间还因帮助抓间谍而"立功"……

如果不是电信时代的到来，埃菲尔铁塔原本是要在1909年拆除的。后来，法国无线电广播公司承租了它，并在1921年通过它进行无线电广播的试播。1925年，也就是埃菲尔

见证无线电通信发展史的埃菲尔铁塔

告别人世后的两年，埃菲尔铁塔迎来了它历史上的又一件大事——通过它进行法国历史上第一次电视转播。时至今日，进驻铁塔的已有6家电视台、28家广播电台，它们都通过埃菲尔铁塔的塔尖发射信号。可见，埃菲尔铁塔已成为巴黎上空不可绕过的电信"十字路口"，也是法国电信传播网的龙头。

出了无线电通信商业化的重要一步。

1899年，马可尼在他的无线电报机上使用英国人洛奇发明的电容和线圈振荡电路以及法国人布兰利发明的粉末检波器，使不同电台可以在各自不同的频率上工作而互不干扰。为此，他在1900年再次申请到著名的第7777号专利，取得又一次关键性突破。

马可尼展示他在 19 世纪 90 年代首次进行长途无线电传输时使用的设备

　　当时很多人都认为，由于电磁波与光一样都是沿直线传播的，它的传送距离必将受到地球曲率的影响，至多只能达到 160~320 千米。但马可尼基于他的实验经验，认为无线电波是沿地球表面弯曲传播的。1900 年，他精心设计了一个横跨大西洋的无线电实验，发射站设在英国康沃尔半岛的普尔图，接收站设在加拿大的纽芬兰岛上。1901 年 12 月 12 日，马可尼终于在纽芬兰岛从嘈杂的声音中辨认出了用 3 个点代表的 "S" 信号，首次成功实现跨洋无线电通信，通信距离达到 2500 千米。这一天，被认为是无线电广播大规模发展的起点。

　　无线电的发明大大缩短了人与人之间的距离，使得 "天涯若比邻" 这一古人浪漫的夙愿逐渐变成现实。从这一点来看，人们把马可尼称为"真正的地球村英雄"，也是恰当的。

1909 年，马可尼与德国物理学家布劳恩共同获得了该年度的诺贝尔物理学奖。

1937 年 7 月 20 日，马可尼在罗马逝世。意大利政府为他举行了国葬，有近万人前来为他送葬。为了表达对他的敬意，那一天意大利全国的无线电报、无线电话以及广播等业务暂停两分钟。

马可尼跨洋无线电通信所使用的天线

"无线电时代" 呼之欲出

无线电最早应用于海上通信。第一艘装备无线电台的船只是美国的"圣保罗号"邮船；德国的"威廉大帝号"紧随其后，成为第二艘装有无线电台的船只。此后，特别是 1912 年发生"泰坦尼克号"沉没的悲剧之后，无线电台成为远航船只必不可少的基础设施，且要求处于双备份、全天候工作状态。

● REC

由于电磁波的传播没有人为的疆界，因此，以电磁波为传播媒介的无线电通信从一开始便具有"国际性"。

"泰坦尼克号"的沉没引起人们对于船舶水上无线电通信的重视

作为越洋无线通信"开局"的一个历史性标志，便是1911年英国国王乔治五世和皇后玛丽访问印度时，用无线电与家中保持联系，并从直布罗陀海峡发出宫廷活动记录。

历次世界大战不仅是作战双方在火力上的较量，也是在通信技术上的较量。第一次世界大战被称为"电话战"，因为电话在战地指挥和通信联络上发挥了非常重要的作用。而在海战和空战中，无线电通信起到了决定性作用。战后，各国都扩大了对无线电发射机和电子管的研究，进一步推动了无线电通信的发展。

二战期间的无线电通信兵

第二次世界大战期间发明了雷达，并出现了以微波作为信息载体的微波通信，它们都在战争中发挥了巨大作用。也正因为这个缘故，有人把第二次世界大战称为"无线电战争"。

20世纪20年代，无线电广播问世。电视、移动电话也随之相继出现，这使得无线电一步步走进普通人的生活。而今，无线电通信已经开始在建设智慧城市和家庭生活智能化方面扮演重要的角色，从城市交通管理到休闲娱乐领域，无处不见其踪影。"无线电时代"已呼之欲出。

1960年代来自广州的无线电小组安装矿石收音机

此曲又应天上有——
无线电广播的开始

　　1906 年，圣诞节前夕的一个晚上，停泊在美国新英格兰海岸附近的几艘船只上，无线电报务员突然从耳机里听到一个男人说话的声音，讲的是《圣经》中的故事，紧接着又传来优美的小提琴曲和对人们的圣诞祝福……几分钟以后，又恢复到与往常一样，耳机中响起了报务员所熟悉的滴滴答答的莫尔斯电码发报声。这突如其来的说话声和乐曲声使无线电报务员又惊又喜，心想，难道这是从天上飘来的"仙曲"不成？

令他们万万没有想到的是，他们所听到的竟是世界上第一次无线电广播。

费森登团队进行无线电广播（右一为费森登）

首次无线电广播是由费森登进行的，广播信号发自他建于美国马萨诸塞州的实验无线电台。实验中，他碰到的第一个难题就是如何产生一种能把声音传送到远处去的稳定的、持续发射的电磁波。为此，他发明了高频发电机，用它来产生高频电流，再用高频电流载带声音，实现远距离传输。1907 年，美国物理学家

雷金纳德·费森登
（1866—1932）

德·福雷斯特发明了真空三极管，为无线电信号的发射、放大和接收提供了有效的解决方法，从此无线电广播便进入了实用阶段，并迅速发展起来。

费森登发明的高频发电机

第一个春天

1920 年 6 月 15 日，马可尼公司在英国举办了一次"无线电—电话"音乐会。音乐会上演奏的优美动听的乐曲不仅通过无线电波为英国民众所接收，还传到了法国、意大利和希腊等国。同年 10 月，美国西屋电气公司在匹兹堡建立了世界上第一座商用广播电台——KDKA 电台；11 月 2 日，KDKA 电台开始进行商业广播，首次播送的节目是哈丁——科克斯总统选举，这件事引起一时的轰动。

1922 年 11 月 14 日，英国 2LO 广播站（后改名为英国广播公司）开始播音；同年，法国也在埃菲尔铁塔开始设站广播；苏联、德国也相继建立了自己的广播系统。一时间风生水起，广播迅速在欧洲大陆发展为庞大的通信系统。在二战期间，它更是发挥了重大作用，是各国军械库中的一种新式的重量级"武器"。

广播给人们带来听觉的盛宴，让很多人爱不释手。20 世纪 30 年代，美国 2/3 的家庭已经拥有收音机，可见其普及速度之快。广播也成为那个年代的时尚。1933 年，芝加哥世博会开幕式上，组织者便别出心裁地请美国海军部长伯德从南极发来广播信息，以此作为启动世博会焰火燃放的指令。

20 世纪 30 年代守在收音机旁收听广播的美国普通家庭

罗斯福通过广播进行"炉边谈话"

通过"炉边谈话"，罗斯福不仅展示了他的亲民形象，还为他推行新政助上一臂之力。

作为一种新颖的大众媒体，无线电广播很快便显示出了它非凡的影响力。其中，1938年新当选的美国总统罗斯福在各大电台开设"炉边谈话"系列节目，便是一个典型的例子。

关键性人物及其发明

在无线电广播迅速进入实用化的过程中，德·福雷斯特1896年发明的真空三极管起到了关键性的作用。有了真空三极管，便可以产生功率强大的高频无线电信号，它可载带着音频信号，把广播信号传输到很远很远的地方去。另外，由于真空三极管具有放大信号的作用，它便成了收音机的"心脏"，解决了无线电信号

德·福雷斯特（1873—1961）

087

的远距离接收问题。

无线电广播开播后的头 15 年左右的时间里，由于摆弄收音机的人寥寥无几，其前景并不乐观。然而就在这个时候，美国马可尼公司一个名叫萨纳夫的年轻无线电报报务员提出了一项颇具创意的建议。他建议把收音机设计成一个简单的"无线电音乐盒"，通过开关或按键可选择不同波长的广播。公司很快便采纳了他的建议，生产出了这种"音乐盒"，投放市场后果然大受欢迎。

说到收音机，还不能不提到一个悲剧性的人物——阿姆斯特朗。这位早慧的天才发明家发明了超外差电路，避免两个频率相近的信号在接收机里发生彼此干扰，从而使收音机能分别接收不同频率的广播。可是在调频（FM）技术的专利诉讼中，他却打输了官司。在屡经挫折、最后落得一贫如洗的境地后，他万念俱灰，于 1954 年 1 月 31 日坠楼，结束了生命。

埃德温·阿姆斯特朗
（1890—1954）

● REC

所幸，由于其遗孀的不断上诉，1967 年，法庭终于翻案，承认了阿姆斯特朗的发明。阿姆斯特朗也因此获得爱迪生奖，并被列入美国国家发明家名人堂。

世界上最小的广播电台

据称，英国锡利群岛的广播电台是世界上最小的专业广播电台。

岛上居民仅 2900 多户，但都对广播十分热衷。他们当中很多人自愿担任这个小小广播电台的编外主持人。例如，负责当地旅游、开发和海事事务的警官史蒂文·瓦特，兼作电台在车辆高峰时段的节目主持人；在海滩上做出租帆板买卖的理查德，是一档海上运动节目的主持人。

海岛上的居民还兴致勃勃地筹拍反映岛上生活的肥皂剧，各展所长，自娱自乐。

锡利群岛

从 DAB 到 DMB

　　DAB 是英文 Digital Audio Broadcasting 的缩写，意即"数字音频广播"。与传统的模拟音频广播不同，它是以数字技术为基础，对音频信号、视频信号以及各种数据信号先经过数字化处理，再在数字状态下进行编码、调制、传播的。这样做的好处是避免噪声、非线性衰减的积累，以致影响到广播的质量。此外，它还能对在广播信号发射、传送和接收过程中因干扰而引起的误码进行自我纠错。因此，数字音频广播可以实现原音重现，其音质可与普通的 CD 相媲美。

　　DMB（Digital Multimedia Broadcasting），即"数字多媒体广播"，是通信和广播融合的新概念。它融合了卫星广播、有线电视和互联网等多种传输手段，除了可以提供传统的音频广播内容外，还可以提供诸如新闻、交通信息等高质量的语音服务和多样化的数据服务，并能提供双向的移动接收服务。

数字多媒体广播（DMB）电台工作区

　　在无线电广播领域，近年

来还出现了一支"新军"，那就是卫星广播。目前开播的卫星广播电台已有两个——天狼星电台和 XM 电台（2008 年合并为天狼星 XM 广播公司）。由于卫星广播覆盖面宽、频道多，可以提供不含商业内容的高质量节目，因而它是无线电广播领域继调频广播之后最富革命性的进展。

天狼星 XM 广播公司的 SXM-8 卫星

卫星 DMB 业务，是将数字视频或音频信息通过 DMB 卫星进行广播，由移动电话或其他专门的终端实现移动接收的一种业务。具体的网络构成包括卫星 DMB 广播中心、DMB 通信卫星、直放站和接收终端等。

拥有 DMB 接收机的用户，可以享受到高质量的广播以及视频、数据等多样化的服务。目前，我国有些地区（如珠江三角洲），其无线电广播已完成从 DAB 向 DMB 的技术过渡。

一次意外的发现

1901 年，无线电发明家马可尼首次实现了跨越大西洋的无线电报通信。当时，他使用的是无线电波中的长波波段，波长为 600 米。

长波不仅可以在空中传播，还能沿着地球表面传播。这是因为大地对长波十分"优待"，长波通过大地表面时能量的损耗很小，而且波长越长，损耗也越小。这也就是马可尼越洋无线电传播的奥秘。

1933 年，马可尼（左）参观当时最新型的短波天线

马可尼的洲际通信取得成功之后，长波通信风靡一时。各国政府和各大财团都不惜重金建设发射功率大、天线高度高的长波无线电通信系统。此时，人们对短波无线电通信却不屑一顾。因为实验证明，沿大地传播的短波无线电在传播过程中能量消耗大，频率越高（波长越短），损耗也越大，致使它"走"不了数十千米，便

把全部能量消耗尽了。

可是，一次意外发生的大火却改变了短波的命运，使它从此峰回路转，令人们刮目相看。

大约在 1921 年，意大利罗马城郊的一个小镇，由于持续高温，天气异常干燥，发生了一次火灾。无情的大火迅速蔓延，顷刻间便吞噬了整个城镇。大火不仅造成了无数妇女、儿童的伤亡，也烧断了电话线路。就在这紧急关头，火场附近一台功率仅数十瓦的短波无线电台发出了求救信号，盼望附近地区的消防人员能闻讯赶来。但出乎意料的是，这个求救信号没有被近在咫尺的罗马人接收到，却传到了千里之外的丹麦首都哥本哈根，被那里的无线电爱好者接收到了。收到信息的人及时把有关情况向当地的消防部门通报，但他们鞭长莫及，只好转请罗马城消防部门急速赶赴，去扑灭这场大火。

在这次事件中，短波何以突破"常规"，挑起到千里之外搬救兵之重任，实在令当时的许多物理学家百思不得其解。但这一被他们认为十分"荒唐""离奇"的事例，后来却为业余无线电爱好者们一次又一次地证实。

无线电爱好者发现的奇迹，促使物理学家不得不面对现实，对短波无线电开展新的研究。没过多久，谜底揭开了。原来，短波的远距离传播"走"的不是地球表面这个"通道"，而是直接"飞"向天空，再经过电离层折回地面，为远处地面上的无线电接收机所接收。有时它还要"上蹿下跳"，经过几个回合才为收信方所接收。短波这种三级跳远一般的绝技，使它能在消耗甚小的情况下，"神出鬼没"地抵达千里之外。1925 年 5 月 13 日，年轻的荷兰工程师冯·贝茨利尔用

从空间站拍摄的地球照片，其中黄色的闪光是电离层

波长为 30 米的短波发射机发射无线电信号，被万里之外的印度尼西亚接收到。两个月后，荷兰和印度尼西亚之间的无线电通信线路开通。1927 年 6 月 1 日，荷兰女王向东、西印度群岛发表广播讲话，用的也是短波无线电广播系统……

从此，人们对短波的价值开始有了新的认识。它不仅开始活跃在远距离通信领域，还给人们带来了"耳听世界"这种以短波接收国内外无线电广播的享受。

短波通信的"长"和"短"

大家知道，在无线电波这个"大家族"里，有长波、中波、短波、超短波和微波。波长是与频率成反比的，电波的波长越长，它的频率也就越低。短波是波长在 10 米至 100 米（频率从 30 兆赫到 3 兆赫）的无线电波。

支持短波实现远距离通信的电离层位于离地球表面 200~400 千米的高空。电离层在反射无线电波的时候，也要吸收一部分能量，短波信号的频率越低，吸收的能量也就越多，所以远距离无线电通信通常选用频率高一些的短波。

短波通信的通信距离远，设备便宜，使用起来灵活、方便，因此它多年来一直在国际广播，飞机、船舶等移动体之间的通信、军事通信，以及人口稀少地区的通信中发挥积极作用。我国在 1984—1985 年间组织的首次南极考察中，就是靠短波无线电实现北京与南极长城站之间的联络。短波也是业余无线电通信常用的波段。

电离层给短波的传播创造了得天独厚的条件，但同时它也有致命的弱点。由于电离层易受昼夜、季节变化和太阳活动等的影响，使短波通信在稳定性、可靠性等方面都比较差。

近年来，科学家们从研究电离层变化规律入手，提出"频率自适应技术"；从短波容易被截获、窃听和干扰等方面考虑，提出了电子对抗措施，从而有利于克服短波通信的上述弊端，进一步拓展它的发展空间。

短波无线电台

电离层的发现

电离层的发现经历了一个漫长的过程。

早在 19 世纪末，就有人提出地球的上层大气可能具有导电的性质。其中，比较有名的便是斯图尔特的假设。他认为，地球磁场的周期性变化，不是由地球内部的磁场所引起的，而是由于在大气层的高处有电流的流动，是它所产生的磁影响。

1902 年，也就是马可尼进行跨越大西洋的无线电通信试验获得成功的第二年，美国科学家肯涅利和亥维赛同时发表文章指出，上述试验获得成功，正说明了在大气上层存在着一个能够反射无线电波的区域，是它引导着无线电波在地—空之间曲折传播，而不会消失于外层空间。但是，他们手中却缺少大气中存在导电层的直接证据。

真正验明高空导电层——电离层存在，并对它的性质进行研究的人便是英国物理学家阿普尔顿。

阿普尔顿于 1892 年 9 月 6 日出生于英国布莱德的一个工人家庭，1913—1914 年在剑桥大学圣约翰学院获学士学位。他在第一次世界大战时应征入伍，从事无线电工作。战后返回剑桥大学，继续进行无线电波的研究。从 1919 年起，他致力于用无线电技术研究大气物理学问题。1920 年，他担任卡文迪许实验室著名物理学家卢瑟福的助理。

阿普尔顿采用脉冲反射法直接研究电离层。1922 年，他利用伦敦的 BBC 发射台发出无线电信号，在剑桥进行接收，从中他发现无线电波从发射器到接收器经过了两条途径，一条是沿地面直接传播的途径，另一条则是经上层大气反射而到达对方的途径。通过计算，他估计反射层大约位于离地面 90 千米的地方。1924 年下半年，阿普尔顿开始进行一系列实验，证明上层大气有电离层存在。1926 年至 1927 年冬，阿普尔顿还用类似的方法发现了其低边界离地面约 230 千米处还有导电层，阿普尔顿称它为 F 层。

电离层的发现不仅为国际短波无线电通信的发展找到理论依据，还为后来的无线电定位和雷达的诞生奠定了基础。有鉴于阿普尔顿的重大贡献，英国皇家学会于 1933 年授予他休斯勋章，1950 年授予他阿伯特勋章；世界上有 16 所大学相继授予他荣誉职位。

1947 年，瑞典皇家科学院将诺贝尔物理学奖授予阿普尔顿，以表彰他对上层大气物理的研究，特别是电离层的发现。1965 年 4 月 21 日，阿普尔顿在爱丁堡逝世，享年 72 岁。

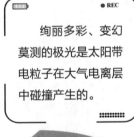

● REC

绚丽多彩、变幻莫测的极光是太阳带电粒子在大气电离层中碰撞产生的。

极光

海蒂：荧屏外的辉煌

海蒂·拉玛（1913—2000）

　　提起海蒂·拉玛，熟悉世界电影史的人都知道，她是 20 世纪 30 年代的好莱坞巨星。因艳压群芳，被人称为好莱坞的"花瓶"。可令人意想不到的是，在她跌宕起伏的生命历程中，竟还曾与电信结缘，成就了一项名为"跳频通信"的重大发明。它为当今人们耳熟能详的无线局域网（Wi-Fi）、CDMA（码分多址）移动电话、卫星定位以及"蓝牙"（Bluetooth）等重要通信技术奠定了基础。

坎坷的经历

　　一个电影演员成了电信发明家，的确有点叫人不可思议。但造化弄人，在一些人的命运中，也会有"明修栈道、暗度陈仓"的精彩之笔。海蒂·拉玛便是其中罕见的一例，堪称传奇。

　　1914 年 11 月 9 日，海蒂出生在奥地利维也纳一个富有的犹太家庭里。作为家庭的独女，父母对她十分宠爱，养成了她从小特立独行、任性不羁的性格。后来，她选择了当时很少有女性涉足的通信工程专业就读，但未等学业结束，便转学到柏林的一家表演学校；16 岁时，她第一次在电影《街上的钱》中担任角色，从此步入影坛。

1934 年，在海蒂 20 岁的时候，她与奥地利军火商曼德尔闪婚，从此卷入了二战前欧洲政治军事斗争的漩涡。曼德尔不仅禁止她出演电影，还利用她的美貌作为与纳粹高层交往的工具。她忍无可忍，终于在 1937 年的一次晚宴中借机逃脱，乘火车来到巴黎，然后又辗转到达伦敦。在那里她遇到好莱坞著名电影公司米高梅"三巨头"之一的路易·梅耶，在他的推荐下，步入群星闪耀的好莱坞。此时，二战已经爆发。在那段时间里，她的美貌和大胆演技征服了观众，在世界影坛留下了深深的印记。

● REC

海蒂在与曼德尔共同生活的那些年头，曾是维也纳社交圈里的名人。这使她在接触许多军界名流时，有机会了解到有关军事保密通信的一些前沿思想，并受到一些有价值的前瞻性概念的启迪。

自动钢琴的启示

20 世纪 40 年代初，海蒂在好莱坞从影时，结识了一位与她一样都极度痛恨纳粹的音乐家——乔治·安塞尔。海蒂向安塞尔提出了要建造一个能抵御敌方电波干扰和不被窃听的秘密通信系统的想法，得到安塞尔的支持。

海蒂·拉玛和乔治·安塞尔

　　她从自动钢琴按动不同琴键能奏出不同乐音的现象中获得灵感，经多次试验，开发出了一个能对无线电信号进行自动编码和译码的设备模型。

　　1940年初，海蒂和安塞尔将他们构思的一种打孔纸卷，分别安装到飞机和鱼雷里面，用它来指定无线电波变换频率的顺序。

　　依靠海蒂和安塞尔两个人的智慧和一些科学家的帮助，他们终于一步步完成了一项名为"跳频通信技术"的研究，并于1942年8月11

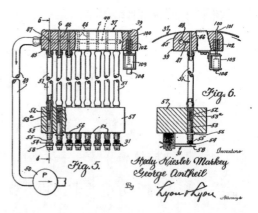

海蒂和安塞尔"跳频通信技术"发明手稿（局部）

日获得美国专利局颁发的专利，专利号是 2292387。

尘封的秘密，迟到的殊荣

跳频通信技术问世之初，并未引起美国政府的重视，也不为美国军方和一些科学家所看好，以至其核心技术被尘封了 50 年之久。直到后来，美国一家研发 CDMA 无线数字通信的公司——高通发现了此项专利的实用价值，才使这项发明重见天日。

高通公司

1977 年，以 CDMA 技术为基础的第三代移动通信进入人们的视野，移动通信大行其道。这时，人们才想起海蒂和安塞尔在创立"跳频通信技术"上曾做出的开创性工作和不可磨灭的贡献。这一年海蒂已有 83 岁高龄，她获得了非官方组织电子前沿基金会授予的荣誉技术奖章。但此时她的专利已经失效，因而终生未能因此项发明受益。现在，海蒂已经入选美国国家发明家名人堂。她的名字与爱迪生、特斯拉、贝尔、福特、莱特兄弟、迪士尼、乔布斯等人一起，成为对改变人类社会发展历史进程做出杰出贡献的先驱，受到全社会的推崇。

2000 年 1 月 19 日，海蒂·拉玛于佛罗里达家中在睡梦中逝去，从此结束了她光耀而传奇的一生，享年 86 岁。她作为当今所使用的多种无线电技术的先驱，将永远为人们所铭记。

海蒂入选美国国家发明家名人堂

跳频通信

　　无线电通信由于它的灵活性，常常被用作战时通信。但是，传统的无线电通信都是在某一固定频率下工作的，很容易被敌方截获或施加电子干扰，从而使这种通信方式失灵。

　　"跳频通信"就是针对上述传统无线电通信的弊端，使原先固定不变的无线电发信频率按一定的规律和速度来回跳变，而让约定对象也按此规律同步跟踪接收。由于敌方不了解我方无线电信号的跳变规律，因而很难将信息截获。尽管亦可以采用"跟踪干扰"的方式来干扰，但由于跳频频谱变化无常，往往是敌方刚搜索到某发送频率，它立即又变了，很难做到紧跟不舍。可能有人会提出全面实行干扰（即"宽带阻塞干扰"）的方法，但这样做不仅功率耗费巨大，而且还可能因此而暴露自己，并对己方通信造成严重干扰。

　　跳频通信不仅是抗御外来干扰的能手，而且对于抑制远距离无线电通信本身所造成的"多径干扰"也十分有效。由于短波无线电信号在传输过程中所经过的路径不尽相同，有的是经电离层一次反射到达对方的，有的则经多次反射后到达对方，而且上述情况还很不稳定，因而造成信号的时强时弱以致失真，这就是多径干扰。采用跳频通信后，由于在主波波束已被接收，而其他径向波束尚未到达接收机时，发送和接收载频早已跳到别的频率点上去了，这样就避免了"多径效应"对通信质量的影响。

　　跳频通信的原理说来也并不复杂。它是在普通无线电短波通信基础上增加一个"码控跳频器"。它的主要作用是使跳频通信发射的载波频率按一定规则的随机跳变序列发生变化。实现跳频通信的关键是，收发双方受伪随机码控制、用来改变载波频率的本振频率必须严格同步。

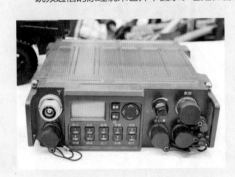

2013年西洽会上展示的 XD-D11G 型短波跳频自适应电台

　　跳频通信是一种数字化通信，是扩频通信的一种。在这种通信方式中，信号传输所使用的射频带宽是原信号带宽的几十倍、几百倍甚至几千倍。但仅就某一瞬间来说，它只工作在某一个频率上。

跳频技术的应用

　　由于跳频技术在抵御外来电波干扰、实现通信保密方面的特殊功效，而今它已被广泛应用于 CDMA 移动电话系统、无线局域网、"蓝牙"以及卫星定位等各个领域。

Wi-Fi 图标

蓝牙图标

　　CDMA 的中译名为码分多址。它的最大优点是容量大、话音质量好，这些都与它采用跳频技术有关。它通过给每个手机用户分配彼此不同而又不相关的伪随机码序列的办法，实现众多用户在同一个频道内同时通话而互不干扰。

无线局域网的概念是由美国贝尔实验室首先提出来的。它与"蓝牙"都在 2.4GHz 这个开放性频段工作（即供工业、科研、医疗使用的频段），因而不时地会遇到不可预测的干扰。采用跳频技术便可以抵御这种外来干扰。

跳频通信在海湾战争中给人留下了深刻的印象。可以预测的是，在未来的信息化战争中，它仍将扮演十分重要的角色。

● REC

无线局域网（Wi-Fi）是在 1990 年代出现的，但对无线局域网的研究可追溯到 20 世纪 70 年代早期的贝尔实验室，其早期研究成果为频分多址（FDMA）模拟蜂窝系统技术。现在无线局域网早已普及了，Wi-Fi 随处可见。

Wi-Fi 路由器

一个伟大的预言
——克拉克与卫星通信

可能在很多人看来，科幻作家对未来的想法有点离谱，甚至是疯狂。但如果仔细翻看人类科学技术发展的历史，或许我们会改变这种看法，可能还会被一些科幻作家惊人的洞察力和预测未来的奇异能力所折服。

英国科幻作家威尔斯 1933 年便在他的科幻作品《未来世界》中，想象出了从潜艇发射弹道导弹的情景；《星河战队》的作者罗伯特·海因莱因很早便提出了有关手机的设想，等等。这些都是科幻作家对科学技术发展的超前思维。

今天，数以千百计的人造地球卫星在不同的轨道上绕地球旋转，给我们带来了越洋通信、电视直播、全球定位等彻底改变人类生活状况的超值享受。不知你是否知道，最早预见人造卫星出现的也是一位科幻作家，他便是大名鼎鼎的阿瑟·克拉克。

法国科幻作家凡尔纳幻想的火箭（匈牙利邮票）

"宇宙飞船克拉克"

1917 年，阿瑟·克拉克生于英格兰西部的海滨小镇迈因赫德。他父亲是一名工程师，早年曾在英国军队里服役，退伍后在家乡定居，经营一处农场。

任何足够先进的科学，看上去都与魔法神力无异。

英国科幻作家阿瑟·克拉克（1917—2008）

克拉克自幼便对宇宙空间怀有浓厚的兴趣，因而同伴们送他一个外号，叫"宇宙飞船克拉克"。1936 年，克拉克中学毕业后来到伦敦，成为英国星际学会的发起人之一；1937 年，他与另外一些人联名创立了科幻小说协会，开始科幻小说的创作；1941 年应征入伍。

克拉克一生创作了 90 多部科幻小说，获奖无数。其中，《星》《与拉玛相会》《天堂的喷泉》获得雨果奖。

1968 年，他出版了著名的科幻作品《2001：太空奥德赛》；1972 年，他写作的《太空探险》一书，获国际幻想奖。

预言卫星通信的第一人

1945 年，也就是克拉克在英国皇家空军服役的最后一年，他在英国的《无线电世界》杂志上发表了一篇名为《地球外的中继》的论文。在这篇论文里，他预言，人造地球卫星将成为人类进行远距离通信的地外中继站，还论证了利用人造地球卫星进行通信的可行性。

克拉克在分析短波通信的诸多缺点的基础上，看到了波长更短的微波在信息传递上的潜力。但微波是直线传播的，不可能在地球表面绕行，要进行远距离传输，只能在地面上沿途架设一座座铁塔，一站一站地接力传输，这无疑限制了它能力的发挥。

卫星通信是怎样进行的

卫星通信使用的是微波波段，因此也可以说，它是利用通信卫星做中继站，在地面上两个或多个地球站之间建立的一种特殊的微波通信方式。一个卫星通信系统除了有上面已经谈到的地球站和通信卫星之外，还包括一个卫星监控系统，它的作用是为保证通信卫星运行轨道、姿态及相关设备运行状态的正常，对通信卫星进行必要的监视和控制。因为在通信卫星运行的过程中，免

美国"电星 1 号"和"晨鸟"通信卫星进行通信的示意图

不了要受到地球形状以及太阳、月球引力的影响而偏离正常位置，卫星上原来指向地球站的天线也有可能发生方向偏移，这些都需要通过卫星监控系统来监视和调整。

于是，克拉克提出了这样一个大胆的设想：如果我们在距地面36000千米的赤道上空设立一个转播站，并让它与地球的自转保持同步，那么由它转发的无线电波将会覆盖地球40%的表面；如果以120°的间隔放置3个这样的转播站，便能覆盖全球，实现全球范围内的通信。

克拉克进而分析了利用人造地球卫星进行通信的可行性，并设计了一系列地球同步卫星。他还提出，卫星通信是唯一能实现全球覆盖的通信方式；由于微波波段的频带宽，在使用多波束的情况下，通信的信道数几乎不受限制；外加它功率小、成本低，因而前景十分诱人。

1957年，也就是克拉克预言卫星通信后的第12个年头，苏联发射了世界上第一颗人造地球卫星，正式拉开了航天时代和卫星通信时代的序幕。1960年8月12日，美国发射了世界上第一颗无源通信卫星"回声1号"；1960年10月4日，美国又发射了一颗"信使"1B卫星，首次使用放大器进行传送声音和图像的中继试验……

卫星通信以其独有的魅力，很快便风靡全球。这一切，都印证了克拉克当年的预见。今天，在地球上的每个角落，包括珠穆朗玛峰和南北极，几乎没有卫星通信所到达不了的地方。

克拉克是一个著名的未来学家，他不仅预言了卫星通信，还惊

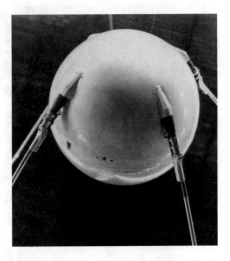

1957年10月4日，世界上第一颗人造地球卫星"斯普特尼克1号"（人造地球卫星1号）发射成功，图为该卫星的模型

人地准确预言了人类将在 1969 年 6 月前后完成登月壮举。美国国家航空航天局（NASA）的科学家们几乎都读过克拉克的科幻小说，他们赞誉克拉克为他们"提供了促使我们登月的最基本动力"。克拉克还预言了"太空帆"和"太空梯"等当今最热门的技术。

克拉克认为，任何足够先进的科学，看上去都与魔法神力无异。而构建科学技术与"魔法神力"之间的等效关系，正是克拉克最伟大的创见。

克拉克在 1954 年访问斯里兰卡时，立刻爱上了这个国家。1956年，他正式定居斯里兰卡，他的大部分科幻作品都是在那里完成的。在此期间，他虽然曾获得过不少荣誉，但也蒙受过一些不白之冤。早在 1998 年，英国女王就决定授予克拉克爵士称号，但是由于当时《每日电讯报》发表了一些对他的不实指控，使授予证书的事就此搁置

2005 年，克拉克在斯里兰卡科伦坡的家中

下来。后经警方调查，终于还克拉克以清白。2000年5月26日，在斯里兰卡首都科伦坡的住所里，克拉克终于从英国驻斯里兰卡高级专员手中，接过了这姗姗来迟的爵士证书。这一年，克拉克已是82岁高龄了。

克拉克一生创新不断，但从未为某项技术理论申请过专利。这在克拉克的一篇题为《通信卫星简史——我是如何在太空失去10亿美元的》的文章中有所阐述。虽然他错过了许多通过专利获益的机会，却在他享有盛名的科幻领域获利甚丰。他的每部长篇作品只需交出提纲，便可获得上百万元的预支稿酬。

2008年1月19日凌晨，克拉克在斯里兰卡的一家医院逝世，享年90岁。他不仅著作等身，留下被译成许多种文字的传世作品，也留给人们有关科学精神的宝贵启迪。克拉克曾经说过："大多数科幻作家都希望自己的预言可以实现，而我则希望我所预言的一些事情不会实现。"因为他的有些预言是针对人类发展中的问题所提出的，是出于科学家的良知。他警告人们要未雨绸缪，防患于未然。

为了纪念克拉克的历史功绩，国际天文协会已经把42000千米高度的同步卫星轨道命名为"克拉克轨道"。

卫星通信的优势和广阔前景

通信卫星就好比是悬在太空的"中继站"，为地面远距离通信做传输接力。地面上电路两端的终点站称为"地球站"。地球站有固定地球站和移动地球站之分。前者是设置在某个固定地点的，后者设置在车、船、飞机上，可根据需要随时移动的。地球站由天线、高功率放大器、变频器、调制解调器以及监控设备、中继设备、电源设备等组成。它是进行卫星通信时的地面终端。运行中的地球站的天线只能对准某一颗同步卫星，两个或多个地球站可以通过同一颗卫星组成一个卫星通信系统。

同步卫星运行在地球赤道上空约 36000 千米处的圆形轨道上。由于它绕地球一圈所需的时间与地球自转一周所需的时间正好相等，因而与地球处于相对静止的状态，故又有"静止卫星"之称。同步通信卫星的电波覆盖范围大，一颗同步通信卫星天线的波束能覆盖地球表面约 40% 的地区，因而 3 颗等间隔分布的同步卫星，其电波基本上可覆盖全球，从而实现全球通信。

运行在 500~10000 千米高度的中、低轨道卫星，由于与地面之间的距离近，传输衰耗相对较小，因而可允许使用体积较小的地面终端设备，非常适合用作建立全球个人通信系统。

卫星通信地球站

卫星通信地球站的建立相对比较容易，特别是对于那些地理环境恶劣、不便建设地面通信线路的地区，以及人口稀少的边远地区，卫星通信更显优越。遇到地震等自然灾害，在地面的通信线路被破坏的情况下，移动的地球站可以很快地通过通信卫星使通信得以恢复。除此之外，卫星通信还可以将相同的信息发给不同的地球站，实现所谓的"同文通信"。

VSAT 天线

卫星通信不仅能为公众提供远距离电话通信和数据通信服务，而且可为大型企业和跨国公司提供专网服务。例如，一些银行、证券公司、汽车制造商和连锁酒店等纷纷利用一种叫作"甚小口径卫星终端站"（VSAT）的系统建立自己的销售网点。这类 VSAT 系统的天线直径只有 0.3~2.4 米，价格低廉，组网灵活方便。

人们不管走到哪里，都能用同一个个人通信号码与任何人进行通信的个人通信时代即将来临。它的实现，离不开中、低轨道卫星移动通信系统。通信卫星已成为访问互联网的重要途径。它能增加网络的带宽，加快互联网的接入速度。

世界各国都正沿着从陆地到海洋，再到外层空间的方向，延伸和拓展自己的通信网络。在这里，卫星通信扮演了一个十分重要的角色。卫星通信的迅速发展，还为远程教学、远程医疗、电视会议、移动电子商务等业务的开展提供了基础和动力。

通信卫星简史

"回声1号"进入轨道后会膨胀成一个直径30米的大气球。

1960年8月12日，"回声1号"通信卫星发射前，在飞船机库内进行充气测试

　　1960年8月，美国将一颗表面覆有铝膜的气球卫星"回声1号"发射到离地球表面1600千米上空的圆形轨道上，利用它能够反射无线电波的性能进行通信。由于这种卫星无放大信号的作用，人称"无源卫星"。1962年7月，美国发射了第一颗有源通信卫星"电星1号"。1963年3月，就在美、日两国利用"中继1号"进行电视转播实验时，发生了震惊世界的美国总统肯尼迪遇刺事件。卫星及时转播了这一事件，给人们留下了极其深刻的印象。"电星1号"和"中继1号"都是低轨道卫星，约3小时绕地球运行一周。由于两个相互通信的地球站能够共视卫星的时间很短，因而如果没有足够数量的卫星做中

继，就会出现通信的中断。1963 年 7 月，美国国家航空航天局发射了世界上第一颗同步轨道卫星"同步Ⅱ号"，为正式的卫星通信奠定了基础。

1965 年 4 月 6 日，世界上第一颗商用通信卫星"晨鸟号"发射成功，这标志着一个崭新的卫星通信时代由此开始。"晨鸟号"又称"国际通信卫星Ⅰ号"。此后，国际通信卫星组织又相继发射了国际通信卫星Ⅱ号、Ⅲ号、Ⅳ号、Ⅳ-A号、Ⅴ号等；包括中国在内的世界上许多国家也相继把自己的国内通信卫星和国际通信卫星送上了天。

1976 年，国土辽阔的加拿大最先利用通信卫星转播电视。1984 年 1 月，日本发射了专门用于转播电视节目的广播卫星"BS-2a"。由此，收看卫星转播的电视节目便成了人们新的期盼和追求。

1979 年，国际海事卫星组织成立，以船只导航和海上救援为主要使命的海事卫星也相继升空。它的出现，使得已经在海上通信和救援活动中服务了近百年的莫尔斯电报于 1999 年 2 月正式"退役"。

从 20 世纪 80 年代开始，一些以中、低轨道通信卫星为基础建立的全球个人通信系统相继问世，其中以摩托罗拉公司提出的"铱系统"最为有名。它由 66 颗低轨道卫星组成，于 1998 年投入运营。尽管曾几经大起大落，但全球个人通信系统的主角，仍非通信卫星莫属。

世界上第一颗有源通信卫星"电星1号"

"电星1号"携带有 1064 只晶体管、1464 只二极管和 3600 片太阳能电池，可以为 1064 个频道实行卫星转播。

争夺眼球的革命——
电视的趣闻轶事

回顾电视百年的历史，我们可以清楚地看到，它是在科学技术取得一个个重大突破的大背景下逐步走向成熟的，其中凝聚着许多知名或不知名的发明家的集体智慧。

　　20 世纪出现了许多在人类科技史上有深远影响的发明。其中对人们生活产生最大影响的，恐怕要属电视。

　　其实，电视技术在 18 世纪便已初露端倪，许多先驱者已经取得了不少重大成果。但是，电视正式进入传播领域，还是在 20 世纪 20 年代的事。

第一个在荧屏上露面的人

　　尽管 19 世纪 70 年代就有人提出传送视觉图像的设想，但由于技术条件不具备，离真正意义上的电视传播还相去甚远。直到 1883 年，德国工程师尼普科制作出了一种能分解图像的装置——机械扫描盘，才为真正的电视传播奠定了基础。

这种被后人称为"尼普科圆盘"的装置，实际上就是一个钻有一些小孔的圆盘子。当这个盘子转动起来的时候，透过盘子上的小孔看盘子后面的景物，就会看到一个个与景物的明暗相对应的亮点和暗点。这就好比把一幅图像分解成为许多亮点和暗点一般。利用"视觉暂留"效应，人们便可以看到一幅完整的图像。当然，要使这些亮点和暗点能恰当地表现景物，必须提供很强的照明，并要有能把通过机械扫描盘获得的亮点和暗点转换成电信号进行传输的装置。在接收方，还需要把电信号还原为光信号，再用一个同样的扫描盘重现发送的图像。

尽管尼普科的这种方法只能获得十分粗糙、模糊的图像，远远达不到人们的满意程度，但他仍然是举世公认的电视原理的奠基人。为了对他表示敬意，1935 年开播的柏林电视台选择了以他的名字命名——尼普科电视台。

受当时技术条件的限制，尼普科未能实现把电视推向公众的愿望。一直到 40 年后，美国人贝尔德才推出了第一台实用的机械扫描式电视。

贝尔德出生在苏格兰的一个牧师家庭，自幼聪明好学，对科学有着浓厚的兴趣。当他得知马可尼实验无线电报获得成功后，就一直在琢磨着：既然无线电波能远距离传送符号，为什么就不能远距离传送图像呢？加上当时有人发现硒具有将光转换成电的特性，更促使贝尔德潜心于电视的研究。

约翰·洛吉·贝尔德
（1888—1946）

贝尔德的实验条件十分艰苦：一所旧房屋的顶楼是他的实验室，盥洗架和茶叶箱是他的实验台，实验所用的元部件几乎都是从旧电器上拆下来的。就这样，他装了拆，拆了装，在经历无数次失败后，终于制成了世界上第一台电视发送机和接收机。

贝尔德和他的电视信号发送机

1924 年春天，贝尔德用他制作的电视发送机传送了一朵十字花的画面，传送距离只有 3 米。

1925 年 10 月 2 日，伦敦塞尔弗里奇百货商店里顾客盈门。人们络绎不绝地来到这里，观看世界上首次电视表演。从贝尔德发明的电视机里，人们看到了一个模糊不清的人影。这是从隔壁房间传送过来的，电视中的人便是住在贝尔德楼下的一个名叫威廉·戴恩顿的公务员。他是被贝尔德临时拉来充当"演员"的，不料竟成了世界上第一个登上电视荧屏的人，载入史册。

电子扫描电视的诞生

贝尔德发明的机械式扫描电视开创了电视广播的新时代，可是因图像模糊和苛刻的照明要求而难以得到进一步发展。于是，一些科学家便开展了电子扫描电视机的研究，提出了种种构想。

数字电视

传统的模拟电视，其图像和伴音信号都是模拟实际景物的明暗、色调以及声音的强弱而做连续变化的。从节目的制作到传输，再到显示都是如此。而数字电视却不同，它从制作节目开始，就对图像和伴音信号采用抽样、量化、压缩、编码等一系列过程，使它变成为一连串由二进制数"0"和"1"表示的数字信号，然后进行数字化处理和数字化传输（即以数字形式发送出去），最后被数字化电视机所接收。由此可见，数字电视是对包括节目制作、处理、传输和接收等一系列过程全部实现数字化的全新电视系统。

数字电视有许多优点。首先，电视数字化之后，电视图像和伴音可以避免噪声、失真等的积累，因而数字电视具有画面清晰、音响效果好以及抗干扰能力强等诸多优点。其次，数字化还便于信号的存储，这给电视机带来了模拟时代所不可企及的特殊效果，例如，它能方便地实现制式转换，实现画中画和电视图像幅型变换等功能。第三，数字化之后，可以引入数字信号压缩技术，使有限的频带资源得到充分的利用。原先传送1套模拟电视节目的电视频道，现在可用来同时传送4~5套的数字电视节目。最后，数字电视所使用的数字化技术能同现代通信、计算机和互联网所采用的技术兼容，使在它们之间可以进行交互式的信息传送。今后，利用数字电视进行网上浏览，发送电子函件，以及办理网上购物、网上银行等业务就变得轻而易举了。总之，数字电视将与未来的信息化社会同步，并在其中扮演重要的角色。这就是数字电视魅力之所在。

1929年，弗拉基米尔·佐里金和他所发明的光电摄像管

在这些发明家中，有一位是在第一次世界大战后移居美国的俄国人，他叫弗拉基米尔·佐里金。1929年，他得到戴维·萨尔诺夫（后来成为美国无线电公司董事长）的支持，事业上取得了重大进展。1933年，他研制成功电视摄像管和电视接收机。同年，美国无线电公司利用他发明的电视系统将由240条扫描线构成的图像成功地传送到4千米之外，显示在荧光屏上。1935年，英国广播公司正式用电子扫描电视取代了贝尔德发明的机械式

📖🔍 知识窗

高清晰度电视

高清晰度电视是一种能提供比普通电视更清晰、更富有现场感影像的电视。由于它采用的扫描线数量是普通电视的两倍，因而显示的图像更加精细，可相当于35毫米电影胶片的放映效果。另外，它突破了普通电视4∶3的屏幕宽高比，采用宽高比为16∶9的宽屏幕，这样就更契合人类视野较宽的特点，能给观众带来一种身临其境的感觉。目前，高清晰度电视除了应用于娱乐场合外，在军事、医疗、教学和计算机辅助设计等领域，也都获得了广泛的应用。

高清晰度电视

扫描电视，电视广播从此翻开了新的一页。

　　其实，和佐里金一样，曾为电子电视时代的到来做出过不可磨灭贡献的，还有一个叫法恩斯沃思的美国人。可惜，他的伟业一度被人遗忘，英名也险些被埋没。直到 1971 年法恩斯沃思去世后，历史的长镜头才开始聚焦于他，他在电视发明史上的地位才终于得到承认。

　　法恩斯沃思原是个"农家小厮"。1919 年，13 岁的法恩斯沃思在农场草地上读到一篇关于早期机械式扫描电视系统的文章，很快便意识到，机械扫描盘是难以传送清晰图像的。14 岁那年，他便向他

3D 电视

　　人的双眼在观察同一物体时，由于视角的微小不同，在视网膜上会形成有一定差异的物象（称为"视差"），它们在经视觉神经传到大脑后，便会使人产生一种立体感。

　　立体电视正是仿照这样的原理制成的。在摄像时，两台相隔一定距离的摄像机分别经"红""蓝"滤色镜摄取同一景物，由此可以得到两路有差异的信号（类似人双眼的"视差"）；这两路信号经过一系列处理后组合在一起，经电视台天线发射出去；信号被电视机接收到后，便可以不同的方式获取立体影像。

　　所谓 3D 电视，就是能产生立体感的"三维"电视。3D 电视分为眼镜式和裸眼式两大类，前者目前还是主流。裸眼电视通过在液晶面板上加特殊的精密柱面透镜屏，将经过编码处理的 3D 视频信号送入人的左右眼，即可在不戴 3D 眼镜的情况下观看立体影像。这种裸眼电视已有产品问世，它正是百姓所热切期待的。

3D 电视

　　3D 技术所创造的电影《阿凡达》，给人们带来了真实、生动的视觉冲击力，也引发了 3D 电视的商机。

斐洛·法恩斯沃思
（1906—1971）

的高中化学老师提出了电子电视的设想，并得到了这位老师的认同。19岁时，在一位银行家的帮助下，他组建了一个小实验室，开始进行电子电视的研究。1927年1月，他申请了第一个专利；1927年9月7日，在旧金山的格林大街202号，他传送了人类历史上第一帧电子电视图像。

1934年，应费城很有名望的富兰克林学会邀请，法恩斯沃思来到科学博物馆，公开展示了他的电子电视。当参观者进入大理石大厅，惊喜地看到自己的影像出现在一个小小的屏幕上时，无不欢欣雀跃。第二年，美国专利局给他颁发了"在电视系统发明方面有专利权"的奖励。1939年，法恩斯沃思的事业达到顶峰，他开始试验用电视传送娱乐节目。

知识窗

智能电视

对于智能电视，业界还没有一个统一的定义。但一般认为，它是具备多元化开放式操作系统，可以实现良好人机交互的电视机。软件可升级，能随时提升功能和获得各种增值服务，也是智能电视的重要特征。

智能电视将网络内容、App应用程序、传统电视频道列表等整合在一个使用界面中，使用同一台遥控器便能实现操作。

但也有人认为，智能电视只是互联网电视在概念上的偷换。面对有关质疑，还需要通过制定标准，彰显"智能"这个概念，以真正确立智能电视的市场地位。

第二次世界大战爆发后，政府发布停售电视机的命令。这使法恩斯沃思受到了很大的打击，从此他心灰意冷，过起了隐居生活。1947年，他的历史功绩终于彻底被人遗忘。

1983年，美国邮政局发行了纪念他的邮票，从回放的历史中，重新唤起人们对那位14岁便提出电子电视构想的天才的记忆和怀念。

法恩斯沃思和他发明的电视

如今电视机走进千家万户，成了人们日常生活中不可缺少的娱乐工具，法恩斯沃思为我们做出了不可磨灭的贡献。

荧屏旧事

百年电视，
有着十分坎坷
的历程。

1927 年 4 月 27 日，人类第一次进行了远程电视传播。美国第 31 任总统、当时的商业部长胡佛成了电视的主角。他的演讲画面从华盛顿传到了位于新泽西州的贝尔实验室。

1936 年 8 月，第 11 届奥林匹克运动会在柏林举行。希特勒命令进行公开的电视实况转播。当时大约有 15 万人通过闭路电视在公众电视机室或私人电视机前观看了奥运比赛，一时间引起了很大的轰动。

也就是在这届奥运会开幕的前一天，国际奥委会做出了下届奥运会在东京举行的决定。备受鼓舞的日本奥运筹备部门，很快便做出要用电视传送奥运会比赛实况的决定，以此作为第 12 届奥运会的一个亮点。可是，随着第二次世界大战的爆发，日本的电视转播梦破灭了。他们悻悻然地把第 12 届奥运会称作"幻想东京奥林匹克"。

1936 年 11 月 2 日，世界上第一个定期播放电视节目的电视台——英国的 BBC（英国广播公司）电视台正式开播。当人们看到电视屏幕上出现知名歌星的倩影，听到一曲名为《电视》的歌在居室内回荡的时

1936 年，第 11 届柏林奥运会首次进行了电视转播

候，都忍不住欢呼雀跃起来。那情景就如同首播式歌词所描写的那样："神秘的电波，从天而降；把迷人的魔术，强有力地送到我们身旁……"

不幸的是，在电视发明不久后便爆发了第二次世界大战。率先定期播放电视节目的BBC电视台在1939年9月1日被迫停播。1946年6月7日，BBC恢复电视广播。独出心裁的电视台主播，选择了7年前因战争中断播出的《米老鼠》作为这次播出的第一个节目，寓意电视事业重新焕发了生机。

人造地球卫星的上天，使电视进入了一个"宇宙中继"时代。从此，发生在世界任何地方的重大事件，都可以借助于卫星转播电视在瞬息之间传遍全球。

1963年11月23日，日美两国通过美国的低轨道通信卫星"中继1号"首次进行跨越大西洋的电视转播试验。正巧，这时发生了震惊世界的美国总统肯尼迪遇刺事件，消息很快便通过卫星电视转播和无线电广播传遍了全球。人们通过荧屏看到了事发现场以及肯尼迪葬礼的全过程。两个历史事件的重合，顿时使电视转播名声大振，给人们留下了难以磨灭的印象。很多人不由想起，在1865年发生的另一位美国总统林肯遇刺身亡的历史事件。那时，不仅没有像电视那样先进的传播工具，就连大西洋海底电缆也没有开通，因此这个消息在几个星期之后才传到欧洲及世界其他地方。电信对于信息传播所起的作用由此可见一斑。

就在日本错失主办奥运会良机后的第24年，即1964年，日本取得了第18届奥运会的主办权。这不仅圆了日本的奥运梦，也使它有机会重拾通过电视向全世界转播奥运会实况的昔日梦想。1964年10月，日本通过美国国家航空航天局于同年8月发射的"同步3号"卫星向全世界转播了东京奥运会实况，使得许多国家和地区的人得以大饱眼福。

与光同行——"光纤之父"高锟

迟到的殊荣

2009 年 10 月 6 日凌晨 3 时，一阵急促的电话铃声把高锟夫人黄美芸从睡梦中唤醒，电话是打给高锟的。他的夫人告诉对方，丈夫已经熟睡了，不能接电话。经双方确认身份后，对方便将高锟获得 2009 年诺贝尔物理学奖的消息告诉了黄美芸。

对于这个不期而至的殊荣，黄美芸惊呆了。她有点不敢相信这是真的。放下电话，她便摇醒正在睡梦中的丈夫，问他："诺贝尔奖你知道吗？"高锟回答说："嗯，那是世界性的大奖，很高的荣誉。"当夫人说这是"给你的"时，高锟露出了十分惊讶的神情。

高锟虽然在光纤研究方面奋斗了很多年，并有过十分出色的表现，取得过不少突破性的成就，但对诺贝尔奖未曾有过期待。因为诺贝尔奖总是青睐于理论研究领域，而不垂青于应用研究领域。

很多年前，每当光纤研究进入关键时刻，高锟总是很晚才回家。面对夫人的责怪，高锟安慰她说："别埋怨我，我正在做一项史无前例的研究。一旦成功，它将彻底改变人类的通信方式。"可是黄美芸还是不理解，戏谑他："那你下次就拿个大奖回家吧！"

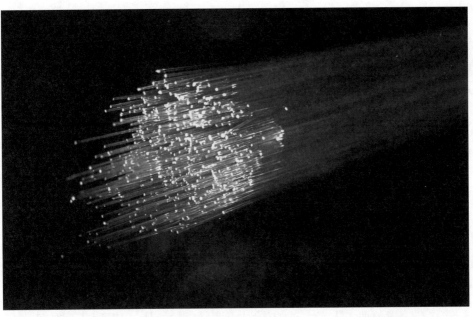

光纤

　　面对许多人关于他为何到现在还没有获奖的询问，高锟总是呵呵一笑，说："我的发明确有成就，这是我的运气，我应该心满意足了。我没有后悔，也没有怨言。如果事事以金钱为重，今天一定不会有光纤技术的成果。"的确，在高锟的精神世界里，为世界带来美好变化是他最大的快乐和满足，得奖与否并不重要。

　　被"诺贝尔奖得主""光纤之父"等一系列耀眼光环围绕的高锟，晚年患有老年痴呆症，健康每况愈下，当人们当面提到他的成就时，他已是一脸茫然。每天傍晚在旧金山高锟居所附近，人们都可以看到一位满脸挂着笑容的长者，和夫人一起观看落日的余晖，蹒跚而行，这就是曾为我们带来信息技术革命的华裔科学家——高锟。

"一沙一世界"

2009 年 12 月 10 日，在瑞典首都斯德哥尔摩举行的诺贝尔奖颁奖典礼上，高锟从瑞典国王卡尔十六世·古斯塔夫手中接过了诺贝尔物理学奖的获奖证书。他的夫人黄美芸代他读了获奖演说，题目便是《一沙一世界》。这次演讲博得了会场持续时间最长的掌声。

高锟很早就看到了利用玻璃纤维传输信号的可能性。早在 20 世纪 50 年代，已经有用于传送光脉冲的激光和光缆出现，然而，它们传送光的距离至多只有 20 米，大约有 99% 的光都在传送过程中损耗掉了。高锟经研究认为，光传输中损失如此之大，其原因不在于光纤制造本身，而在于光导玻璃不够纯净。1966 年 7 月，年仅 32 岁的高锟在一篇论文中明确提出："只要降低玻璃纤维中的杂质，便可以获得用于通信传输的损耗较低的光导纤维"。这是一个多么令人鼓舞的预言。

高锟的这一大胆预言，在当时的一些人看来无异于痴人说梦。然而，他的预言很快便得到了证实。1970 年 8 月，美国康宁公司首次成功地研制出了损耗为 20 分贝 / 千米的光导纤维；同年，美国贝尔实验室又研制出了能在常温下连续工作的半导体激光器。这些重大突破使得远距离光通信终于

高锟在诺贝尔奖颁奖典礼现场

从梦想走向现实。由于高锟在光纤通信方面的突出贡献，人们把他尊为"光纤之父"，把 1970 年称为"光纤通信元年"。

高锟在诺贝尔奖颁奖典礼上那篇富有诗意的演讲稿，道出了他从极普通的沙石中寻找用光传送信息之路的艰难历程。《一沙一世界》从各方面深刻地概括了高锟的研究工作，隐含着他的人生追求。

光纤的原材料是石英，而石英可以从遍地皆是的沙石中提取。高锟正是看中了光纤取材容易、价格低廉、重量轻、抗干扰能力强等种种优点，才锲而不舍地进行用光纤传输信息的研究。他还以此为卖点，向各大电子厂商推荐光纤，并取得了巨大成功。

光纤改变世界

在 2009 年诺贝尔物理学奖颁奖典礼上，颁奖委员会用诗一般的

乌鸦用光缆筑巢

光缆是指内含光纤，符合光、机械和环境规范的线缆，是光纤技术中最重要的传输媒介。在日本，乌鸦给光缆带来了严重的危害。2005 年，仅东京地区就发生了 689 起乌鸦咬断光缆的事件。东京大学的樋口教授说："乌鸦为了筑巢，把光缆中的纤维拔出来，当作筑巢的材料。"确实，光缆由无数根很细的光纤维组成，是乌鸦喜欢的筑巢材料。乌鸦咬断光缆的事件多集中在春天，因为春天是乌鸦筑巢的季节。这种鸟害成了电信业主的挠头之事，也使通信线路经常出现故障，轻则出现串音现象，重则发生通信中断，给广大用户和通信业主带来很大损失。

光缆

语言描述了高锟所做出的贡献：

"光流动在纤细如线的玻璃丝中，携带着各种信息数据传向每个方向；它将文字、音乐、图片以及活动图像，在瞬息之间便传遍了全球。"

的确，光纤从它诞生之日起，便由于它兼具信息容量大、重量轻、抗电磁干扰能力强以及成本低廉等一系列优点而备受青睐，并以惊人的速度向前发展，以致有人将它与描述半导体的"摩尔定律"相比，创造了"光纤定律"。这个定律是这样表述的：互联网的带宽将每 9 个月增加一倍，而成本将降低一半。这个定律是 1999 年由加拿大北电网络公司的总裁约翰·罗斯提出来的。透过它，我们约略地看到，在信息网络时代，光纤正在扮演越来越重要的角色，它的迅速发展预示着一个以光纤为主干道的宽带接入和宽带服务时代的到来。

而今，信息高速公路、宽带网、互联网已是广大民众所耳熟能详的名词，它们中的哪一样能离得开光纤呢！因此，说光纤"奠定了当代信息社会的基础"，是毫不为过的。高锟便是它的奠基人之一，他的开创性工作将会载入人类信息社会发展的史册。

今天，全球光纤的总长度已超过 10 亿千米，而且还在以每小时数千千米的速度增长。光纤已

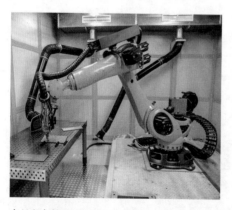

光纤激光机器人远程切割系统

经开始从长途通信的主干线一直延伸到每个家庭，给人们带来了高速上网、海量信息以及视频通话、高清晰度电视等超值享受。光纤所涉及的还远不止这些，它还服务于远程医疗、远程教育等诸多领域，甚至还将挑起预报海洋地震的重任。

纤径通途 —— 光是怎样在光纤中传送的

　　光可以直接在大气中传播。烽火、红绿灯、灯塔都是普通光在大气空间传播的方式。然而，这种传播方式不仅存在光散射的问题，还将受到雨、雾等自然条件的严重影响。因此，要想让光进行远距离传送，必须从光源和光的传输路径两个方面想办法。现代光纤通信就是为远距离光通信所找到的一个出路。

　　光纤通信的光源不是普通光，而是纯度高、方向性很强的激光，保证光在传输过程中不容易散失。另外，当激光以一定的角度射入光纤的纤芯时，便会在纤芯和包层这两种不同材质的界面上发生"全反射"，使光在光纤这个"封闭体"里呈锯齿状前进，其传播速度是 300000 千米／秒。

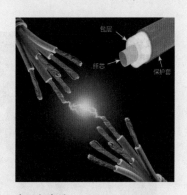

　　由于光的频率范围非常之宽，在细如发丝的光纤里便能载带大量的信息，包括话音、数据、图像等。目前，正在各大中城市迅速推进的"光纤到户"工程，就好比是将一条"信息高速公路"修到每家每户的门口，不仅可使上网速度大大提升，还能让人们获得视频点播、网上购物等各种服务。

光纤与光缆

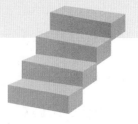

高锟的科学人生

　　1933 年，高锟出生于中国上海的一个书香门第。受家庭环境的影响，他从小便接受了中西合璧的教育。8 岁时，他进入了一个由留法学生办的学校，10 岁时入读上海世界学校，除接受中文教育外，还学习英文和法文。高锟从小便痴迷科学，家里三楼成了他的"实验室"。后来，他又迷上了无线电。他在自传中写道："这段往事令我感受颇深，也可能在我心中埋下种子，日后萌发出对电机工程的兴趣。"

工作中的高锟

高锟参加"高锟星"命名典礼

　　1949 年，高锟举家移居香港；1954 年，高锟远赴英国伦敦格林威治大学攻读电机工程专业；1965 年，获帝国学院博士学位。在攻读博士期间，他成了标准电话和电缆有限公司的研究人员，走上了从沙石中寻找光纤的道路；1966 年，高锟在论文中首次提出了将玻璃纤维作为光波导用于通信的可能性；1981 年，随着第一个光纤系统的问世，他获得了"光纤之父"的美誉。

　　1987 年，高锟从美国回到香港，并出任香港中文大学第三任校长。由于他的杰出贡献，1996 年，他当选为中国科学院外籍院士；同年，中国科学院学会的天文台将一颗国际编号为"3463"的小行星命名为"高锟星"；2000 年，他被《亚洲新闻周刊》评选为"20 世纪亚洲风云人物"。

开启"手机"历史
的一段佳话

你相信吗？而今正在改变世界的移动电话手机，它的历史却始于一个玩笑，一次两个竞争对手之间漫不经心的通话。

其貌不扬的"白匣子"

1973年4月3日，星期二，在纽约曼哈顿的克里顿大道上，一名男子拿着足有两块砖头大小的"白匣子"在与别人通话。这个"白匣子"体形硕大，重约1.5千克。仅此一点，便足以引来众多路人的目光。

这个按动按钮、用"白匣子"打出第一个电话的人，便是美国摩托罗拉公司的研究人员马丁·库珀。电话是打给他的竞争对手乔尔·恩格尔的。恩格尔当时在有名的贝尔实验室工作，也在致力于移动电话的研究。早在1946年，贝尔实验室便已造出一部移动电话，但由于过于庞大而无法投入实际使用。久而久之，人们早已把这段历史给淡忘了。

事隔多年，马丁·库珀已记不清首次用"白匣子"通话的具体内容了，但这次不经意的通话却开创了人类使用移动电话之先河，被载入史册。马丁·库珀也由此获得了"手机之父"的美誉。

马丁·库珀的发明，由于形状有点像靴子，因此有人便称它为"靴子"，后来，摩托罗拉公司给它取了一个正式的名字"Dyna Tac"。许多其他国家随后也用上了这种移动电话，在为它取名时颇费心思。土耳其称它为"裤兜电话"，冰岛称它为"小绵羊"，瑞典一度称它为"泰迪熊"……

回忆这段历史，马丁·库柏说："当时我们认为，世界已进入个人通信时代，而手机是发展个人通信的唯一选择。"

席卷全球的"手机风暴"

马丁·库珀怎么也没有料到，他发明的手机竟然会像脱缰的野马一般疯狂地发展起来，使全世界 3/5 以上的人成为它的用户。

手机从发明到突破 10 亿部销量，差不多用了 20 年时间；但从 10 亿部到 20 亿部只用了 4 年时间；从 20 亿部到 30 亿部只用了 2 年时间！这种增长速度，是汽车、冰箱乃至电视机所望尘莫及的。

1983 年摩托罗拉推出的 Dyna Tac 8000X 是世界上第一款便携式商用手持移动电话

手机正在改变世界。它不仅给人们带来移动生活方式，也开创了新的手机文化、手机时尚。

手机让许多生活在偏远地区的人第一次实现了远距离通话；手机大大加快了信息的流通，促进了全球 GDP（国内生

用手机拍照

产总值）的增长和跨国、跨地区贸易的活跃；手机为人们定位、导航，指点迷津；手机正在替代钱包，成为许多人乐于尝试的支付手段；手机短信冷落了多年来兴盛不衰的贺卡市场，成为人们节日时互致问候之首选；手机将成为实现远程医疗的重要工具，架起医生与患者之间的一座座桥梁……

短短的30多年时间里，手机早已从笨拙的"大哥大"变为剔透玲珑的"掌中宝"。为各类人群所量身定做的个性化手机新品迭出，美不胜收。手机早已不再是单纯的通话工具，它已经成为功能多样的数字化"瑞士军刀"。它无处不在，无远弗届，一种崭新的手机文化正在引领时尚，改变人们的生活。

音乐和游戏，是手机娱乐的两大趋势，它正在填充人们的旅途生活和休闲时光。手机拍照、手机电视、手机报纸等的接连登场，使手机戴上了"第五媒体"的桂冠。手机不仅改变了人们获取信息的传统方式，而且还使人们可以成为"记者"，参与新闻的报道。无线互联网技术更使手机成为互联网终端，让手机用户享受到网上浏览、音乐下载、网上购物、炒股等种种便利……手机真是无所不能，它印证了一句广告语——"一机在手，走遍全球"。在不断翻新的种种应用面前，我们仿佛看到它在骄傲地说："我能……"

从1G到4G

人见人爱的移动电话，从开始进入我们的生活到现在，只经过了短短20多年的时间。技术的进步以及人们对它越来越高的要求，促使它不断演变。至今，它已经历了采用模拟技术的第1代和采用窄带数字技术的第2代，进入了采用宽带数字化技术的第3代。在我国，2009年1月7日3G牌照的发放，标志着3G时代的到来。

G就是英文Generation的第一个字母，是"代"的意思，3G就是第3代。约定俗成，现在只要提到3G，人们便知道是指第3代移动通信。

说到1G，人们不由会想起有两块砖头那么大的"大哥大"。在当年，它是奢侈品，是"身份"的象征。但第1代手机的功能十分单一，主要就是通话。

冒牌"移动电话"

早在20世纪二三十年代，在真正意义上的移动电话出现之前，便有人肩挑电话机，或把电话机挂在脖子上，走街串巷为人们提供"移动电话"服务。如果你想用电话，他便将他随身携带的电话机用一根长长的电话线连接到附近的电话线路上，为你提供服务。现在看来，这是冒牌的移动电话，充其量只能算是"流动电话"。因为它还是要受电话线的束缚，在没有电话线的地方，这项服务便无法进行。

20世纪30年代，意大利街头的"移动电话"服务

提到 2G，大家或许还能记起"全球通，通全球"这句广告词。由于实现了数字化，第 2 代移动通信的功能有了很大的扩充，除了通电话之外，又增加了发短信、玩游戏、开设语音信箱、漫游、上网等功能。数字化还降低了手机的发射功率要求，使其变得更环保、更小巧玲珑了。

那么，3G 比之 2G，又有什么进步呢？主要是它的高数据传输能力，以及由于使用全球统一的频率，可以方便地实现全球漫游。"一机在手，走遍全球"，在 3G 时代不只是一句口号，而是普遍的现实。

3G 刚刚开局不久，4G 接踵而至。媒体报道，2009 年 12 月，世界上第一个 4G 网络已经在瑞典投入商用。2010 年 6 月，中国移动也已推出 4G 终端产品。目前，4G 已经进入千家万户，服务百姓生活。

4G 在移动状态下的最大数据传输速率可以达到 100 兆位 / 秒。传输速率的大幅度提升意味着什么呢？意味着上网速度要比 3G 时代的拨号上网快 2000 倍；意味着可以通过手机观看高清晰度的电

趣闻

"武装到了牙齿"的移动电话

2002 年 6 月 21 日，英国伦敦科学博物馆展出了一种能装到牙齿里的移动电话。这种移动电话植入牙关后，下颌骨就相当于天线。接收到的信号被转换成声音之后，通过牙齿和头骨的共鸣，直接传入内耳，为人所听到。你想接收或不想接收信号，都可以通过一套控制装置加以调节。为了满足某些人的前卫消费需求，设计者还提出了将接收设备植入多个牙齿的方案，以营造家庭影院那种"环绕立体声"的效果。

手机武器

2005 年 3 月 11 日，西班牙马德里发生了一起利用手机引爆炸弹的恐怖袭击。这使人们进一步意识到手机的安全隐患。

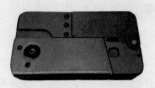

伪装成手机的武器

手机不仅可以作为爆炸物起爆器的预先设定程序装置，在神不知、鬼不觉的情况下发动一次袭击，还可以在不加任何改装的条件下成为谍报活动的工具。譬如，可用它记录、转播对话，偷拍文件，并通过电子邮件发送出去。手机还可以植入窃听器等谍报装置，还能成为拦截无线计算机数据的工具。

手枪伪装成手机的事件已多次发生。2000 年 10 月，荷兰警方首次没收了一台能装有 3 发子弹的手机式手枪；接着，德国、英国也都发现了类似武器。据报道，克罗地亚生产的手枪手机，外形与一般手机几乎一模一样，只是分量上重了一些。它使用小口径子弹，每颗子弹都有单独的发射筒。

影和电视；意味着会议电视服务和虚拟现实服务等成为可能。4G 系统的发射功率只是现有系统的 1/100~1/10，因而更环保，能较好地解决电磁污染问题。

4G 全面投入商用后，手机这把数字"瑞士军刀"能够做更多的事情，如在移动状态下的远程健康监护、远程医疗、远程教学等，它还能代替你的电脑，帮助你通过无线键盘在家里进行无线办公呢！

5G 来啦！

5G 是第五代移动通信技术的简称，它是 4G 的延伸，通信技术发展之迅速由此可见一斑。

智能手机

随着"黑莓""iPhone"等手机的走红，"智能手机"的概念也渐渐为人们所熟悉。

对于"智能手机"，目前尚无一个权威机构给出明确的定义。广义地讲，它是指除了具有一般通话、短信功能外，还具有PDA（个人数字助理）的大部分功能（特别是信息管理功能），以及基于无线数据通信的浏览、电子邮件、开放性操作系统等功能的一类手机。例如，采用pushmail（推送邮件）技术的黑莓手机，就具有"手机邮箱"业务，它最大的便利之处便在于不需要频繁连接网络，就能将电子邮件"传送"到手机上。从2007年6月开始投放市场的iPhone手机，其将音乐视频和通信功能完善结合的创意，以及时尚的设计，帮助它赢得了很多消费者的追捧。iPhone创始人乔布斯认为，它比其他品牌的移动电话整整领先了5年，"是一款革命性的不可思议的产品"。

说通俗一点，智能手机就是"手机＋掌上电脑"。由于在这个平台上，可以安装更多的应用程序，因而手机的功能被大大扩充。看电影、玩游戏、听音乐、发多媒体短信以及和电脑、因特网互联互通，是智能手机的五大卖点。另外，它集商务功能和多媒体功能于一体，具有互动性和人性化两大特点。

智能手机真可谓无所不能。例如，英国一名50岁的男子，已将智能手机植入假肢，打电话、发短信都十分方便；英国工程师计划将智能手机送入近地轨道，用它来操纵一颗长约30厘米的卫星，并给地球拍照；澳大利亚已推出3D版智能手机，使人们在手机上也能享受到《阿凡达》等电影给人们带来的3D盛宴；美国军方也正在开发一种军用智能手机，它内置定位系统、指南针、摄像头、网络接口、触摸屏、大容量存储器以及一些应用程序，可以与10至20名地图上标明他们位置的士兵保持联系，在需要时只要触摸手机屏上的图标，便可以看到无人机传感器捕捉到的图像……

5G的超高速率、高可靠的超大连接和超低时延，是它的三大性能特点。它将继续把人们带进一个更高速的时代，其峰值速率可以从目前4G的100Mb/s（兆比特每秒）提高到n Gb/s（千兆比特每秒）。这意味着到那时1秒钟就可以下载多部高画质的电影。

5G所连接的用户数也会大大增加，它将满足物联网时代海量用户接入的需要，使得而今构想中的车联网、机联网以及智能家庭、智能交通、智慧城市等一些新潮概念化为具体现实。由于 5G 把端到端的延时从 4G 时代的十几毫秒缩短到了几毫秒，使得在远程医疗中手术的响应时间和医生操作的精确度都大幅提高，远程医疗将因此获得迅速推广。5G 还能为广大用户提供多样化的、不卡顿的通信和娱乐服务。

由于 5G 建设费用高昂，在一定的时间段里，它将与 2G、3G、4G 共存，并将它们和 Wi-Fi（无线局域网）等融入其中。到那时，你不用关心自己所处的是哪个网，也不再需要通过手动操作连接到 Wi-Fi 等网络，系统将会根据网络的质量情况自动为你做出选择，并实现真正的"无缝切换"。

趣闻

大毒枭命丧"蜂窝网"

1993 年，报纸上刊登了一则有关哥伦比亚大毒枭埃斯科巴尔的消息。警方通过追踪他的电话确定了他的位置，最终将其击毙。大体的经过是：埃斯科巴尔从监狱中逃脱后潜入麦德林市，警方采用了一种按频段自动调谐的扫描接收器，日夜监听麦德林市的蜂窝移动电话系统。当他们捕捉到逃犯说话的声音时，便在这个频率停了下来。由于每个蜂窝小区所使用的频率互不相同，当任何一个用户进入一个新的小区时，系统中的位置寄存器便会记录这一信息。因此，移动电话局对每部移动电话手机的所在位置都是"心中有数"的。尽管具体地点不十分精确，但大致的范围是有把握的。

1993 年 11 月 30 日，大毒枭用移动电话与他的妻子进行了一次长时间的交谈。侦察专家很快便从他说话的音色、用词和语气中辨认出了他，通过连接到移动电话局的电脑显示，他所在的蜂窝小区在美洲广场附近 300 米的范围内。警方据此迅速出击，将埃斯科巴尔和他的保镖当场击毙。

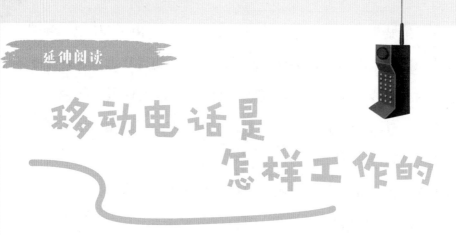

延伸阅读

移动电话是怎样工作的

　　不论你走到哪里，只要是在移动电话系统电波的覆盖范围内，都可以与别的用户（固定的或移动中的）保持联系。

　　最初的移动电话系统是由移动台和基站组成的。移动台通常是装在汽车里的车载移动电话机，基站则担负着移动用户之间或移动用户和固定用户之间的信息交换任务。由于基站的天线高度和发射机功率都有限，无线电波的覆盖面不是很大，而且又受信道数量的限制，系统容纳不了多少用户。

　　为了实现更大范围的移动通信，有人便提出把需要实现移动通信的区域划分成许多小区，每个小区设置一个基站的办法。为避免彼此干扰，相邻的小区采用不同的频率，而相距较远的小区可以采用相同的频率。由于每个基站所覆盖的范围小了很多，其发射的功率也可相对减小，故不会对相距较远的小区产生影响。这样，同一个频率便可以重复使用多次，达到节省频率资源的目的。小区错落有致地排列起来，其形状酷似蜂房，"蜂窝式移动电话"便因此而得名。

　　蜂窝式移动电话系统主要由移动台、无线基站以及移动电话交换中心组成。无数个各自设有基站的六边形小区通过移动电话交换中心连接起来，形成蜂窝移动电话网。移动电话网还与市内电话网以及国内、国际长途电话网相连，为移动用户提供更大范围的联网服务。

　　移动台有车载式、手持式以及应用在船舶或一些特殊地区的固定式等多种类型。无论是哪种形式，一般都是由包括送/受话器在内的操作部分、控制单元、收发信单元、天线和电源等部分组成。无线基站由收发信设备、交换机、无线信道接口及天线等组成，在移动台和移动电话交换中心之间起中继作用。移动电话交换中心的核心设备是移动电话交换机，它除

基站

了有控制、分配无线信道的功能外，还要完成移动用户与市话、长话用户之间的交换功能。

将服务区域划分成小区所带来的一个很自然的问题就是越区切换，因为并非所有移动中的通话都能在一个小区内完成。例如，在一辆快速行驶的汽车中，一次通话就可能通过若干个小区，而相邻小区的工作频率和接续服务都是不相同的。当移动台在通话过程中从一个小区进入相邻的小区时，需要系统将移动台的工作频率和接续控制，从它离开的小区交换给正在进入的小区，这个过程就称为"越区切换"。整个越区切换过程要求由系统自动完成，并且要在用户不觉察的情况下进行，以免影响正常的通话。

移动电话的拨号过程与普通电话基本相同，只是在拨完所有数字后，需要再按一下"发送键"，这样，电话号码才能被发送出去。如果信道畅通，你会听到一个回铃音，通话便可开始。如果拨叫的用户是另一个移动用户，那么你的话音电波便会通过离你最近的小区的基站，传到移动电话交换中心，经该中心的控制、接续，传送到被叫用户所在小区的基站，再传送给被叫用户；如果你拨叫的用户是某市话用户，那么从移动电话交换中心出来的信号就被送到市内电话交换局，然后经市内电话网传送给被叫用户。

龙王的近邻——海底电缆与海底光缆

稀有的"海草"

1837 年，电报的发明迅即改变了陆地通信的面貌。但面对浩瀚无际、深不可测的大海，人们依然是无计可施。

为了实现隔洋互通音讯的愿望，早已有人萌发敷设海底通信线路的构想。1844 年，就曾有一位英国科学家尝试着把一截用于陆地通信的电缆装进金属管内，然后把它敷设在海底，以此建立船只和岸上建筑物之间的电报通信。据说效果还相当不错。

据说，当时打渔的人在捡到已经断裂的海缆时又惊又喜。看着这从来没见过的亮光闪烁的"怪物"，还以为是一种装满金子的稀有海草标本呢！

1850 年 8 月 20 日，英国工程师布瑞特兄弟在获得英法两国主管部门的同意后，用一艘"巨人号"拖船，敷设了一条跨越英吉利海峡、连接英国利赛兰海角和法国格里斯—奈兹海角的海底电缆，用来传送电报。不幸的是，还没传几份电报，这条海底线路便被拖网或船锚拉断了，原因是电缆未加铠装保护。

第一条跨越英吉利海峡的海底电缆的夭折提醒人们，要想闯"龙宫"，海底电缆必须"穿"上盔甲，以适应波涛汹涌的险恶海洋环境，否则便会不堪一击。

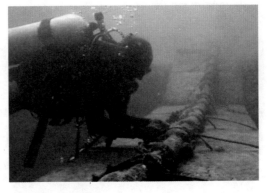

有铠装保护的海缆

1851 年，上述那条电缆加上铠装后重新"上阵"。果然，它避免了前任早亡的命运，安然无恙地担负着跨洋传送信息的使命，直到 1875 年退役，历时二十余载。

征战大西洋的伟大工程

就像人们在提起 20 世纪的伟大科技工程时，都会首推"阿波罗"登月计划一样，在 19 世纪，也有一项可以与之比肩的工程，那就是大西洋海底电缆的敷设。正如英国著名科幻作家克拉克所说，大西洋海底电缆工程之艰难不亚于将人类送上月球。

大西洋海底电缆工程之所以激动人心，不只是因为它把欧美两个大陆连接了起来，使洲际电报从此畅通无阻；还在于它悲壮感人的建设过程。这是一次将梦想变成现实、把失败变为成功的伟大实践，是百折不挠的科学精神的壮丽赞歌。

在 1857 年横跨大西洋的海底电缆工程开工之前，某些海域也曾有过一些较小的敷设海底电缆的实践，例如上面提到的英吉利海峡电缆（1851 年）、地中海和黑海电缆（1854 年），等等。但是，与从

赛勒斯·菲尔德
（1819—1892）

爱尔兰到加拿大的纽芬兰，跨越大西洋、全程3200 余千米的大西洋海缆相比，它们显然是小巫见大巫了。

大西洋最深处达 4000 米，在其海底敷设电缆不仅要战胜水的压力，还要在路线选择上谨慎地避开断层结构，施工过程极其复杂。稍有不慎，外力损伤或悬空电缆自身重量所产生的拉力都足以造成电缆的断裂。另外，海洋环境的险恶多变，也给海底电缆的敷设增加了诸多变数。

负责大西洋海底电缆敷设工程的是一位叫菲尔德的美国人。他原本是一个造纸业批发商，由于看到了电报的广阔前景，便决意投身于敷设大西洋海底电缆这项成败难测的工程。

1857 年，菲尔德定做了内有 7 根铜线、中间有 3 层古塔橡胶绝

海底地震预警——海底光缆的新使命

2004 年，一场海底地震所引发的海啸，令许多人至今记忆犹新。在那场灾难中，高达 30 米的海浪夺走了东南亚几十万人的生命。

从那以后，科学家们为了避免上述灾难性事件的重演，尝试着建立有效的预警系统。其中的一个便是由马诺杰、奈尔为首的科学家提出的，利用现有海底光缆测出海水异常来预报海啸的方案。

这个方案的理论依据是：海洋的水体运动时会产生电场，使水里的粒子，特别是海盐中的钠离子和氯离子带电。这些在水里自由运动的带电粒子在地磁场的作用下可使光缆产生高达 500 毫伏的电压。因此，奈尔认为，不用布放昂贵的压力传感器，只要利用已经连接各大洲的海底光缆，外加灵敏的伏特计便可实现对海底地震的预警。

缘的海底电缆，总长度 2500 英里（约 4000 千米）。电缆外层是由 18 根钢缆扭成的"盔甲"，总重量达 4000 余吨。担负敷缆任务的是两艘有名的军舰"尼亚格拉号"和"艾格梅南号"。按计划，"尼亚格拉号"从爱尔兰开始敷设海底电缆，到大西洋中途与"艾格梅南号"对接后，再由"艾格梅南号"敷完全程。但"尼亚格拉号"出师不利，出发不久便因电缆断裂而返回港口，一切又要从头开始。

1858 年 6 月，菲尔德改变方案再次出征。新的方案是两条船都从大西洋中途出发，然后背道而驰，向两岸敷设海底电缆。可在实施方案的过程中又因种种原因导致电缆一次次断裂，在经历 4 次失败后，他们不得不悄然返航。

接二连三的失败，终使当初的热衷者们心灰意冷，纷纷退出工程。唯有菲尔德毫不气馁，他在一些科学家和工程师的支持下认真总结教训，在上一次遭遇失败的一个月后又再次出征了。

1858 年，敷缆船正在敷设大西洋海底电缆，一条鲸鱼越缆而过

8月5日，"尼亚格拉号"顺利地敷设完1600千米电缆，率先抵达纽芬兰；"艾格梅南号"在驰往爱尔兰途中虽多次出现电缆破损情况，但工程技术人员并未就此却步，他们一次次修复了受损的电缆，还与船员们一起顶住了持续5天5夜的风暴，终于完成了敷缆任务抵达爱尔兰。

大西洋海底电缆的敷设成功受到两岸民众的热烈欢迎。美国波士顿礼炮齐鸣，纽约港沉浸在一片欢腾之中。11天后，英国维多利亚女王通过这条电缆给美国总统布坎南发去贺电。

谁料好景不长，4周后电缆又断成了两截。在一片埋怨声中菲尔德一下子便从"英雄"变成了"骗子"。但菲尔德毫不动摇，他坚定地说："我的电缆没有死，只是睡了。"

"大东方号"轮船

英国艺术家罗伯特·达德利创作的油画，再现了"大东方号"客舱内检查跨大西洋海底电缆的情景

正是那屡战屡败的经历，推动了科学技术的进步，催生了一种新的高强度电缆的诞生，排水量超过"尼亚格拉号"4倍的"大东方号"也参与其中。

好事多磨。"大东方号"在经历了一次次电缆意外断裂的灾难后，终于在1866年7月13日完成了敷设大西洋海底电缆的历史使命。7月27日，大西洋海底电缆正式开通；9月2日，又传来一年前丢失的海底电缆被捞上来后接通的消息。于是，在大西洋海底呈现了双"龙"并驾的新格局，信息传输速度也较之1858年提高了将近50倍！

面对多次失败所换来的成功，菲尔德喜极而泣。他为了这条海底电缆，在波涛汹涌的大洋里先后往返了30多次，4年未入家门。他百折不挠所创造的奇迹感动了许多人，以至有媒体盛赞他为"当代哥伦布"。

担纲洲际通信

　　海底光缆与通信卫星，一个在下，一个在上，共同担当起当今洲际通信的重要使命。与通信卫星相比，海底光缆具有成本低、频带宽、寿命长，以及噪音低、时延小等众多优势。光纤的容量十分惊人，一对光纤可传送几千万路电话或几万路电视；如果用它来传送30卷大英百科全书，也只需千分之几秒的时间。因此，它已成为构筑"信息高速公路"主干道不可或缺的成员。

　　1988年，在美国、英国和法国之间敷设了总长度约为6700千米的越洋海底光缆，标志着海底光缆时代的到来。

　　海底光缆分浅海光缆和深海光缆。这两种光缆由于所处的环境不同，在结构上和敷设方法上也有所不同。浅海光缆要考虑船只抛锚以及捕鱼作业等的影响，一般都外加铠装埋设；而深海光缆更多

海底光缆已将各大洲连接起来，成为"海底通衢"。图为海缆敷设时的情景

地需要考虑抗压、抗拉问题，采用水力喷射"挖"沟埋设。海底光缆工程是世界公认的较复杂、困难的大型工程之一。

中国邮政 1995 年发行的《中韩海底光缆系统开通》纪念邮票

我国从 20 世纪 80 年代末开始投入海底光缆的建设。第一个在我国登陆的国际海底光缆系统是 1993 年 12 月建成的中日海底光缆；1997 年 11 月，我国参与建设的全球光缆投入运营；2000 年 9 月正式开通的"亚欧海底光缆系统"连接了亚洲、非洲、大洋洲的 33 个国家，全长约 38000 千米，是当时世界上最长的海底光缆。

今天，海底光缆已将除南极洲之外的所有大陆连接了起来，在一个有几十亿人使用的复杂的全球通信系统中，发挥了不可替代的作用。

断缆的启示

2006 年 12 月 26 日 20 时 26 分和 34 分，南海海域相继发生 7.2 级和 6.7 级地震。受地震影响，途经台湾海峡地区的中美海缆，亚太 1 号、亚太 2 号海缆，亚欧海缆等多条国际海底光缆通信发生中断，造成了上亿元人民币的经济损失。

海缆截面示意图

海缆一旦断了，首先就要进行定位，然后维护区的船只立即前往断点。茫茫大海，开到断点一般要很长时间。有的海缆埋在深达几百或几千米的海底，要用机器人把海缆打捞上来，在船上熔接断了的光纤，然后再埋下。全过程少说也要半个来月。

这一突发事件造成了我国大陆与一些国家及地区的通信中断；国际和港澳台地区的互联网访问受到严重影响，很多人的 MSN 无法登录，一些留学人员的签证也因此而"命悬一线"；许多靠网络连接总部和国外分公司的跨国公司也一时陷入混乱，大量国际订单被延误。

　　一时间，断缆事件及其造成的影响，成了媒体的焦点，引起了全世界的共同关注。它强有力地说明，在全球化时代，通信联络是多么重要。一旦这条命脉被切断，全球将陷入一片混乱。断缆事件固然源自不可抗拒的自然因素，但它也暴露了当今通信网脆弱的一面。它提醒人们要未雨绸缪，合理布局通信网络，建立迂回、备用体系，以对付随时都有可能发生的突发事件。

　　虽然光缆中断事件已发生过多次，其修复工作也曾发生过一些周折，但这依然扑灭不了通信企业投资光缆的热情。因为大家知道，跨洋过海传送海量信息，担此重任者，非海底光缆莫属！

执行海底光缆敷设任务的敷缆船